孙 颢◎编著
NANRENBUKEBUJIE

男人不可不戒

◎ 戒，是改变人生的大艺术，是男人走向成功的捷径 ◎

所谓细节决定成败，对于一个男人来说，决定一生命运成败的关键并不在于什么轰轰烈烈的梦想，而在于一些点点滴滴的小毛病。一个小毛病在关键时刻足以影响你一生的命运，这方面的例子不胜枚举。戒掉这些毛病，精彩的人生大门才会向你开启。

中国华侨出版社

图书在版编目（CIP）数据

男人不可不戒/孙颢编著. —北京：中国华侨出版社，
2010.12（2014.8 修订版）
ISBN 978 - 7 - 5113 - 0970 - 9

Ⅰ.①男… Ⅱ.①孙… Ⅲ.①男性—成功心理学—通俗读物
Ⅳ.①B848.4 - 49

中国版本图书馆 CIP 数据核字（2010）第 251945 号

● **男人不可不戒**

编　　著/孙　颢
责任编辑/文　心
封面设计/纸衣裳书装
经　　销/新华书店
开　　本/710 毫米×1000 毫米　1/16　印张/18　字数/220 千字
印　　刷/北京溢漾印刷有限公司
版　　次/2011 年 2 月第 1 版　2014 年 9 月第 2 次印刷
书　　号/ISBN 978 - 7 - 5113 - 0970 - 9
定　　价/32.80 元

中国华侨出版社　　北京朝阳区静安里 26 号　　邮编 100028
法律顾问：陈鹰律师事务所
编辑部：（010）64443056　　64443979
发行部：（010）64443051　　传真：64439708
网　　址：www.oveaschin.com
e-mail：oveaschin@sina.com

前言 | PREFACE

有男人说：做个男人真累，既要在社会上混出个人模人样，还要承担起家庭的责任。社会给了他们无形的压力，这个重担常常像山一样压得他们透不过气来。混出来了，自然皆大欢喜；混不出来，就只能看人家的脸色，看人家春风满面，要风得风，要雨得雨，而自己却只能缩在一旁，察言观色，亦步亦趋。看到人家眼里的轻视和不屑，脸上就有些挂不住，一边吞着难受的滋味，一边还得强装笑脸。多累！可现实正是如此，我们还得面对现实啊！

是的，做个成功男人不容易，做个普通男人同样也不容易。每个男人都想事业有成，但不是每个男人都能干成他的事业。单有才智、决心和意志，并不一定就能成功，这其中还有许多身内身外的因素。可是，人活着，就应该活得有尊严，活得有体面，活得不卑不亢，活出自己的人格魅力来。那么，即使是普通人，也同样能赢得别人的尊重。如果连自己都不尊重自己了，畏畏缩缩得不像个男人，那还希望别人能看得起你么？

所以，聪明睿智的男人都知道：上帝把一辆车交给你时，他首先会让你学习驾驶只有这样，你才能学会控制，学会珍惜和理解。

如果在得到这辆车之前，你诅咒或者放弃了，上帝会把那辆车收回，让你永远不停地诅咒或者永远一无所有。

机会诱惑人去尝试，压力逼迫人去奋斗。男人必须为自己的明天买单。

男人的身后留下了一串串歪歪扭扭、深深浅浅的脚印，这些脚印，日渐丰富和改变着男人的人生。但现实生活中不可能人人都是英雄，如果每个男人都表现优秀，那么这个世上将不会再有"出色"二字；如果每个男人都获得成功，那么这个社会也根本不会存在失败的男人。

因为，男人在追求成功的过程中，往往会自觉或不自觉地陷入一些误区，这些误区就犹如一道道沟壑，让男人步入了人生的败局，与成功失之交臂，居于平庸的地位。

这些误区，其实就是男人自身的一些弱点，这些弱点多源自男人与生俱来的心理沉垢和欲望的蛊惑。一旦发现并能戒掉这些弱点，每个男人都可以书写完美的人生，向世人和自己交上一份阳光的履历，成为把握人生幸福归依的智者！

目录 | CONTENTS

第一章 塑造魅力——戒蓬头垢面、不修边幅

　　在人生的旅途中，男人只有适当塑造魅力，运用优雅的姿态来面对生活，才能以自己的独特个性，闯荡天下。一个男人如果只知道着装打扮，而不懂如何让自己更有魅力，就难免给人留下徒有其表的印象。因而，男人在塑造自己的魅力时，一定要戒除蓬头垢面、不修边幅。

目录 CONTENTS

第二章　社交得体——或放弃自己的原则

中国人待人接物讲究既要诚恳热情，又应当合乎彼此的身份，符合礼仪规范。如果一味只顾热情友好，而不顾"礼"的适度，就是所谓"热情越位"。"热情越位"与不够热情同样有害。"热情越位"会被人视为失礼和没有教养的表现。所以，身为男人在社交中更要得体，不要放弃自己的做人原则。

第三章　话说到位——或失去亲和力

具有亲和力的男人在与人谈话时总是用友善的口吻，脸上也总是保持着微笑，这样能有效消除人与人之间的隔膜，拉近彼此间的距离。在人际交往中，具有亲和力的男人宽容随和、通情达理，无论何时何地都是广受欢迎的。即便是批评，有了亲和力，也会更容易让人接受。因此，男人在说话到位的前提下，千万不要失去亲和力。

第四章　礼仪优雅——戒接待人物要绝针

魅力不像容貌是与生俱来的，而是完完全全靠后天的修养凝聚而成。优雅的魅力男人要靠什么来培养和塑造呢？毫无疑问，正是礼仪。通过学习礼仪，优雅就会在你的心中生根发芽，开出魅力之花。而要做到礼仪优雅，男人就要在接待人物时戒除阴谋诡计，要心胸坦荡。

目录 CONTENTS

第五章　活出自我——戒依赖任何人

　　男人来到这个世界上，首先面临的是生存的问题。如何才能生存得更好，每个男人都想得到满意的答案。最根本的问题就是一切都要靠你自己，你的知识、你的能力和信誉，就是你生存的保证。在不断努力的过程中，你对自己的生存就有了安全感。生存就意味着挑战。在困难面前，只有勇敢面对，没有退路可走。

第六章　责任意识——戒推脱责任

责任感是一个男人做好任何一件事都不可或缺的优秀品质，责任意识是一个男人干事创业的坚实基础，甚至是一个集体、一个国家快速发展的原动力。身为男人就要认识自己所扮演的角色，承担责任。这是一种义务，也是一种期许，更是一种能力。

第七章　追求适当——戒死要面子活受罪

人人都爱面子。"树要皮，人要脸"。自以为自己是个大人物，才会拿着鸡毛当令箭。其实，真正大智若愚、大巧若拙、大音希声的人，是不会老是将面子问题看重而忽视其他重要事的。只有那些惟恐别人瞧不起的，才会端着架子，耀武扬威。所以作为男人，一定要追求适当，千万不要为了面子而活受罪。

第八章　心胸开阔——戒小肚鸡肠

现在的男人，精品的少，做得精致的更少！其实，做个精致的男人说难也难，说易也易。而要做个好男人，首先就要心胸开阔，戒掉"小肚鸡肠"。

第九章 松弛有度——或把自己的生活搞得过于忙碌

　　男人是社会的栋梁、家庭的支柱，在重压下，他们只能拼命地工作，绷紧了神经生活，"最近比较忙"已经成为了男人的口头禅。然而，生存的意义不只是为了忙碌，不要把自己的生活搞得那么紧张，保持愉快平和的心态，能够享受生活的乐趣，才算是拥有高质量的生活。

目录

CONTENTS

第十章 学会选择——戒因斤斤计较而因小失大

一个男人应该知道，成功的人生其实是正确选择的结果，做事要学会从大处用心，对于小的得失一定不要去斤斤计较。该重视的要重视，该放弃的就放弃，但是你必须放正眼光，灵活取舍，戒因斤斤计较而失大。

第一章
塑造魅力——戒蓬头垢面、不修边幅

在人生的旅途中，男人只有适当塑造魅力，运用优雅的姿态来面对生活，才能以自己的独特个性，闯荡天下。一个男人如果只知道着装打扮，而不懂如何让自己更有魅力，就难免给人留下徒有其表的印象。因而，男人在塑造自己的魅力时，一定要戒除蓬头垢面、不修边幅。

男人不要忽略妆扮

认为男人不需要打扮的观点早已过时了，男人应该更重视着装打扮，它不仅会使别人对你产生良好的观感，更会使你对自己充满自信。

说到着装，西装自然是男士的第一选择，我们认为每位男士都应该有一套适合自己、能够使自己出入高档社交场所的极品西装。不过，在这之前，你必须对男装的顶尖品牌有足够了解：

（1）Gucci

意大利名牌 Gucci 我们都不陌生，多数人的脑海中，不是浮现出 G 字的皮带扣环，就是装饰着马衔链的优雅平底鞋，因为看到这些象征就知道是 Gucci 的招牌商品。

提到 Gucci，绝不能忽略掉现在的创意总监兼设计师 Tom Ford。Tom Ford 在 1995 年秋冬首度的男装发布会中，以亮皮招牌鞋不穿袜的崭新造型，让世界评论家发出惊叹。而且他把招牌鞋上的马衔链变细，令人感觉更有型。当然，风靡全球的 G 标志也是由他发明的。

Gucci 现在已成为时装界最具影响力的品牌，与 Prada 并称 20 世纪 90 年代的经典时尚代言者。

（2）Dolce & Gabbana

意大利双人组设计师 Dolce & Gabbana 的男装充满了明显的女性

化风格和一种纨绔子弟的浪荡气息。在善于表达性感、叛逆而又有浓厚西西里民俗色彩的设计风格下，Dolce & Gabbana 的男装显得非常有个性。

事实上，这两位意大利时装界的设计奇才也不否认男装的挑战比较大，因此变化性少，所以他们把男装的设计重点摆在布料和结构比例上，人造皮毛、透明纱料、皮革、英国清教徒的饰品，都可能出现在 Dolce & Gabbana 的男装里，还真有点惊世骇俗的味道。

"我们喜欢拼拼凑凑的东西，因为它集合了不同的灵感和经验。"跳蚤市场里的素材，到了 Dolce & Gabbana 手里，都成了最佳的灵感来源。

（3）Commedes Garcons

Commedes Garcons 诞生在 20 世纪 70 年代，由川久保玲创办，那时日本经济不景气，必须面对非常大的压力，也因此造成 Commedes Garcons 非得走出日本不可。于是，经过长时间策划、准备后，川久保玲于 1981 年在法国巴黎举行了第一场发布会，创新的风格立刻受到时装界的重视，并奠定了品牌的地位。在设计风格上，完全不同于传统服装的延续，川久保玲的破旧、立体剪裁、不对称……令人印象深刻，蕴涵着属于东方的禅机和思想，有些典雅与沉郁，展现了属于东方的哲学韵味。

她的创意影响了许多欧洲的设计师，甚至有评论家预言，Commedes Garcons 与 Prada 的设计风格，将会是 21 世纪的服装蓝本，追求流行的人绝不能忽略她。

（4）PRADA

Prada 风靡全球，满街的人都在背 Prada 的尼龙包。但是很少有人知道，Prada 的历史起源于 1913 年，而且是以制造高级皮革制品起家的。

Prada 男装的特色，在于古典简约又不失年轻化的设计，像是 20 世纪 60 年代意大利拿波里造型的西装，因 Muccia 用了具有伸缩性的现代感素材，复古中赋予新意，可以说创造了流行的独特风格。

非常重视品质的 Prada 产品，是在意大利水准最高的工厂制作的，这也就是为什么穿上 Prada 产品会感到舒适无比的原因。尽管强调品牌风格年轻化，但品质与耐用的水准依旧，特别注重完整的售后服务，这也是以高级皮革制品起家的 Prada 至今仍讲究的传统。

（5）Christian Dior

Christian Dior 在时装界几乎和古典画上了等号。不过，从 Christian Dior 后来的男装作品中，不难发现在保有古典神韵的同时，Christian Dior 也力图表现新鲜的创意。这和设计师 Lacroix 在 1993 年推出的一款复古浪漫的新郎礼服大受市场欢迎有很大的关系。

流行于 18 世纪的背心和领带，成为曾在知名男装品牌 Lanvin 待过 16 年的 Lacroix 最重要的灵感，加上现代感的剪裁和搭配，赋予 Christian Dior 男装新的流行感。

（6）Domma Karan

简洁、中性、多层搭配组合，美国设计师 Domma Karan 以女性设计师天生敏锐的特质，赋予男装更细腻的表现。

Domma Karan 在 1991 年推出男装，隔年，充满美式风格的副牌 Dknymen 也跟着上市。Domma Karan 的设计，以干净利落的线条和灰黑色调，凸显都市男性的干练、自信。

以性感的肢体为设计诉求的 Domma Karan 善于利用不同的质料

剪裁服装，使得男装打破了以往古板、沉闷的形象，同时，在副牌的推波助澜下，美式自由穿着的气氛相当适合青年人的口味。

轻便、美观、舒适、简洁和突出体格之美一直是该品牌的风格。而为了满足现代人的需求，Domma Karan 刻意在商标上贴上 NewYork 两字，以显示国际化的设计观。熟悉这个牌子的人，应该会对 Domma Karan 的注册标志的黑色，留下深刻的印象。

（7）Giorgio Armani

时尚圈中有这样一个说法：一个男人在一生中，至少得拥有一件 Armani 的西装。虽然这是一种恭维，但也证明了 Armani 在服装界的分量。

这位强调"不着痕迹的优雅"的意大利设计师，试图以色彩来平衡消费者追求和谐的需求，擅长以简单的剪裁和低调、中性的色彩来表现优雅的气质。Armani 男装最大的特色，是设计师喜欢采用如同女装般质地十分柔软的质料，赋予西装特有的垂感，对于非肌肉型的男士来说，提供了身材上绝佳的修饰效果。

在款式简单、用色谨慎的风格下，Armani 将他的设计理念归纳为：删除不必要的装饰，强调舒适性和表现不繁复的优雅。Armani 的男装设计既不性感也不算惹眼，但却在做工和布料质地上展现一流品质和流行性，是职场上非常得体的意大利品牌。Giorgio Armani 目前在中国有黑牌、白牌和副牌 Giorgio Armani 三条路线，虽然在价格上有明显的区别，但整体设计风格仍保有一贯简单、优雅的精神。副牌因为有牛仔系列，则表现得比较休闲和年轻化。

（8）Hugo Boss

Hugo Boss 在国际男装市场上占有举足轻重的地位，这一点从其行销全世界 80 多个国家的事实即可得到有力的证明。不鼓吹设计师风格的 Boss，完全以强力放送阳刚味十足的广告形象，传达一种大众化的男性服装风格。这个崛起于 20 世纪 70 年代的德国品牌，不论设计或形象都非常男性化，而且是那种不化妆，也不戴多余的首饰，很注重社会认同的男性形象。

此品牌在 1923 年由 Hugo Boss 创建，以生产工作服、防水套装、雨衣和制服起家，一直到 1972 年才正式涉足时装界。Boss 男装有很完备的系列商品，是许多中高级主管心目中的标准典范。并且，在品质和做工上，维持欧洲最大男装生产商的一流水准。

（9） W & LT

此品牌崛起于 1991 年秋冬季，其名称是"狂野及致命的废物"（Wild and Lethal Trash）的缩写，基本上它跟设计师 Walter VanBei Rendonck 的名字缩写很接近。

Walter 所设计的商品基本上为"无性别主义"。Walter 对服装的观点是没有性别差异的，因此他设计的衣服，男人、女人都可以穿。开启喜欢另类服饰的爱炫年轻人的另一种选择，传达流行时尚本来就是起源于想象力解放的意念。

（10） Ferre

Ferre 被称为造型天才，他对于线条的结构拿捏得恰如其分，精巧的手工，更使得设计者可以充分发挥几何与不对称的剪裁，这也是 Ferre 男装样式上的一大特色。

初期的 Ferre，以青少年及贵妇人为服装设计对象，1982 年才开始设计男装。这位蓄着短髭的学者型设计师说，他常以自己为设计男装的蓝本。基本上，Ferre 的男装显得很大方，西装、衬衫、领带甚至其他的配件，多半以正统带复古的款式居多，颜色也较偏向原色系，特别是黑色、蓝色，在一片前卫、新潮的艳色里，反而流露出不同凡响的男性气质。

当然，也许你还没有足够的经济实力，将这些极品时装带回家，那也不要紧，对便服做一些妙搭配，同样能够穿出非同一般的效果。

要善用小配件，表达悠闲的心情。比如你可在红豆色的棉质衬衫外套皮背心，让绿色领带露在没系扣子的背心外。你也可以在外出时，脱掉西装外套，穿上衬衫戴上围巾，或是将围巾挂在西装外套与衬衫之间。唯一的条件是围巾的布料及花色一定要好，才能显出好品位。

不同的搭配可以塑造出令人惊叹的效果，试试在普通的衬衫外，搭配一件华丽的背心。例如：试试以蓝色衬衫缓和条纹背心的强烈色彩，但如果换成白色衬衫，背心就显得太突兀了。如果你真的讲究穿着，那脚上的鞋子也得留意，比如穿上有个性的软皮长靴，或是选择能显出自己风格的鞋子。

不论你穿着的是什么样的服饰，最重要的是要适合自己，有个人风格，千万不要盲目地模仿别人，弄得不伦不类。

第一章 塑造魅力
——戒蓬头垢面、不修边幅

不与时尚绝缘

传统印象中，那些头发梳理得一丝不苟，一身深色西装，手拎皮包的男人形象应该改变一下了，因为随着时代的变化，时尚已经渗透到人们的吃穿住行各个领域，渗透到各个年龄层，男人也应该大胆颠覆传统意识，勇敢地追求时尚。

什么是时尚呢？时尚就是一股与传统较劲的风，让人琢磨不透。前两年街上流行黄头发，就连一些已过不惑之年的电视节目主持人也经不住诱惑，头上的青丝像霜打了一样，黄了那么一撮；中年人不留胡子，年轻人蓄胡须、留大胡子是新潮；中年人穿花格子衬衫、大红羊绒衫，青年人上下一身"玄色衣裳"是扮"酷"；男人留长发、后脑勺扎一把辫子，女孩儿剃平头，光头女歌星、女模特"闪亮登场"；使惯了筷子的手要笨拙地使用刀叉，吃了半辈子的炖牛肉，偏要改口啃半生不熟的得克萨斯牛排，也不管胃口能不能消化得了。

时尚就像七月的天，说变就变，让人无所适从；时尚就像水性杨花的情人，刚才还向你秋波频传，转瞬却又移情别恋。当各种健身器材进入寻常百姓家方兴未艾之时，忽又时兴户外锻炼假日郊游走向大自然；当女人以苗条为时尚时，忽又见报刊上载文苗条有害健康，倡导"丰满美"……

时尚瞬息万变令人瞠目，时尚诱惑人又捉弄人，时尚讨人喜欢又叫人无奈，时尚常以逐新猎奇为特征，结果反而"克隆"出没有个性的一大群人。追逐时尚，迷恋时尚，男人也不甘示弱。然而他们并不是对时尚已经理解参透，他们追求的不过是一种品位，一种洒脱，一种感觉。

如果你还认为时尚是女人的专利，那就说明你已经落伍了。

一位先生表示，自己从不关心时尚，那都是给无聊的阔太太们准备的消磨时间的道具。然而，没过多久，他却订了份"时尚"杂志，copy 杂志中模特的穿着，而且自己把爱车拉到汽车美容店扮了一回酷。可见他也走进了时尚的行列。

有钱能装备时髦的外壳，却买不来时尚的感觉。没钱不能显示雍容华贵，但个性化的装扮源自品位，你一样可以神采飞扬，充满现代时尚气息。

许多人表示不关心时尚，但怎么也不会穿着长袍马褂去上班，那样的话即使在街上逛也需要无比的勇气。时尚不仅是一种氛围，也已成为这个时代一种强大的物质和精神力量。它用无声的语言诱惑着男人们，引导着潮流。我们可以不看时尚类的报纸和杂志，而对"生活"这一最生动、最全面的时尚版本，谁都无法闭目塞听。

时尚是一种气势，永远有一种力量。时尚是一点点心思，有时是可爱的小情调。于是，现代男人们离不开的也越来越多：西装、领带、香烟、打火机、美酒、口香糖、剃须刀、牛仔裤、运动鞋、还有手机、信用卡，甚至时尚杂志与足球……

这些东西都成了男人的时尚标签。

其实，每一个时代，男人总是能找到适合自己的时尚标签。不

第一章　塑造魅力

戒蓬头垢面、不修边幅

相信的话，你可以去翻翻父辈们的相簿。那些梳着油光水滑的小分头，穿着中山装，戴着眼镜，腕上还戴一块手表的男士照片，大多摄于 20 世纪 50 年代，大概是当时最时髦的男士形象。

20 世纪 70 年代末，有一类男人的标签是：长发、花格衬衫、喇叭裤，标明自己有点叛逆，有的还不时哼舞曲，显出家里至少有一台四个喇叭的收录机，说不定还有点海外关系，可能会出国去继承一大笔财产。

20 世纪 80 年代末 90 年代初，男人们更是往自己身上大贴标签：西装、老板裤、BP 机、大哥大……其中，最能唬得住人的标签大概就是"总经理"的头衔了。虽然那年头，一块石头砸着了十个人，其中九个都是总经理，但男人们仍乐此不疲，兴致勃勃。"总经理"便是他们骑着的一匹高头大马，驮着他们驶向理想中的王国，驶向事业的巅峰。

如今，男人的时尚标签又在悄悄地变化着：名牌轿车、便携式电脑、流利的英语、硕士博士的文凭……

当然，一个不喜欢骏马、宝剑的男人，一个不希望拥有名牌轿车、社会地位的男人，不会是一个有进取心的好男人。但是，如果一个男人只注重修饰，只注重把标签做得更好，而忘记了自己的内涵、修养，那就是"绣花枕头"了。一个真正内功深厚的男人，哪怕没有标签，也会因其固有的品性之芬芳高雅引来仰慕者。

总之，男人不仅要具有丰富的内涵，还要有时尚的外表，这才是一个成熟、成功男人应有的形象。

在形象修饰上不要太随意

形象是一个人最真实的名片，因此男人应当注重自己的形象与打扮，如果自我形象随意，那么在社会活动中，在与别人的交往中，你的个人魅力和交际效果就会大打折扣。

软件英雄比尔·盖茨就很注重自己的形象。他曾经请专家对自己的形象进行设计、包装与宣传。尽管人们已熟悉了比尔·盖茨平时随意甚至不修边幅的形象，但在重要的场合和时刻，比尔·盖茨会特别注意自己的形象。

有一次，他将要在拉斯维加斯发表演讲。但是，演讲并不是盖茨的长项。为了使自己以更好的形象出场，使自己的演讲产生更大的影响力与传播力，比尔·盖茨专门请来了演讲博士杰里·韦斯曼为自己的演讲做指导。

韦斯曼在演讲辅导方面是一位专家，经验非常丰富，曾经帮助几个电脑公司的高层经理克服对演讲的恐惧感。他从盖茨的演讲稿到手势、表情，都做了重新设计，他们在一起排练了 12 个小时。盖茨演讲时，熟悉盖茨的人都非常吃惊。只见盖茨一改往日懒散随意的形象，穿了一套昂贵的黑西服。他那尖锐的嗓音虽然无法改变，但丝毫没有影响到他的演讲。结果，这场主题为"信息在你的指尖上"的演讲传遍美国，获得了巨大的成功，而盖茨的形象魅力值也

第一章
——
塑造魅力
戒蓬头垢面、不修边幅

迅速得到提升。

可见，一个人的外貌对于人本身有很大的影响，穿着得体的人给人的印象就是在说"这是一个重要的人物，聪明、成功、可靠。大家可以尊敬、仰慕、信赖他。他自重，我们也尊重他。"

试想，一个衣冠不整、邋邋遢遢的人和一个装束典雅、整洁、利落的人在其他条件差不多的情况下，同去办一样的事情，恐怕前者很可能受到冷落，而后者更容易得到善待。特别是到一个陌生的地方办事，怎样给别人留下一个美好的第一印象十分重要。世上早有"人靠衣装马靠鞍"之说，一个人若有一套好衣服配着，仿佛把自己的身价都提高了一个档次，而且在心理上和气势上增强了自己办事的信心。聪明的人切莫怪世人"以貌取人"，人皆有眼，人皆有貌，衣貌出众者，谁不另眼相看呢？着装艺术不仅给人以好感，同时还直接反映出一个人的修养、气质与情操，它往往能在尚未认识你或你的才华之前，向别人透露出你是何种人物。因此，在这方面稍下一点功夫，你就会事半功倍。

衣冠不整、蓬头垢面马上会让人联想到失败者的形象。而完美无缺的修饰和高雅的举止，能使你在任何团体中的形象大大提升。有些人从来没有真正养成过一个良好的自我保养的习惯，这可能是由于不修边幅的学生时代留下的后遗症，或者父母的影响不好，或者他们对自己的重视不够造成的。这些人往往"三天打鱼，两天晒网"，只要基本上还算干净，没有人瞧不起，能走得出去便了事了。如果你注重自己的形象，良好的修饰习惯很快就能形成。如果你天生一张胡子脸，那也没有办法，但至少你要给人一种你能打点好自己的印象。牙齿、皮肤、头发、指甲的状况和你的仪态都一一表明你的自尊程度。

别人对你的第一印象，往往是从服饰和仪表上得来的，因为穿着服饰往往可以表现一个人的身份和个性。毕竟，要对方了解你的内在美，需要长久的过程，只有仪表能一目了然。

在日常生活中，我们常常听到这样的劝告：不要以貌取人。但是经验告诉我们，人们很难不以貌取人。从人的审美眼光出发，爱美之心人皆有之，人们对美的认识，很多时候是从第一印象中产生的，而人的外在形象恰好承载了这一任务。

美国的心理学者雷诺·毕克曼做了以下有趣的实验。

在纽约机场和中央火车站的电话亭里，在任何人都可以看到的地方，放了一角钱，等到有人进入电话亭，约 2 分钟后便敲门说："对不起，我在这里放了一角钱，不知道你有没有看到？"结果退还硬币的比率，询问者服装整齐时占 77%，而询问者衣服较寒酸时则占 38%。

进入电话亭里的人在被服装整齐的人询问时，可能会察觉服装整齐的人可能跟自己说了很重要的话；而面对衣着寒酸的人，因为在不想接触的念头下，不想去理会对方的问题，所以根本没有听清楚他说的话，就开口回答"没有"，企图赶走对方。

一位美国社会学家也做了类似的一个实验：一名实验者被安插进"纽约城公司"总部，他穿着一双黑色的、饰有大白鞋扣、鞋跟磨坏的皮鞋，一件俗丽的青绿色上衣和一条印花棉布领带。到了总部之后，这名实验者先让前 50 名秘书把他的公文箱取回来，结果这 50 名秘书中只有 12 个人听从了他的吩咐。在后来的实验中，他穿上了华贵的蓝上衣、白衬衫，系着一条圆点丝质领带，脚上穿着一双

第一章　塑造魅力
——戒蓬头垢面、不修边幅

高档皮鞋，发型整齐。在后面的 50 个秘书中，有 42 个人提供了他要求的服务。

英国一位心脏病医学专家认为，整洁的外观和干净利落的外表对心脏外科医师来说是极为重要的。"你可称其为虚荣，但是我认为，那却是有关自尊心的问题。"他说道，"我认为，如果我打算给我的病人诊视，告诉他们如何料理他们自己，而在与他们谈话时，他们看到我身体短粗肥胖，嘴角衔着根香烟，他们肯定会对我失去信任……没有谁想让一位作风邋遢、不修边幅的外科医生给自己做手术。"

对新入职的推销人员来说，他们可进行的最行之有效的投资之一，就是给自己买两件值钱的衣服。这两件衣服的价格要超过一小衣橱式样、风格平平的二流服装。如果预算吃紧，宁可买下这两身衣服，在每周的工作中交替来穿，也不去多买几身廉价服装，因为它们不利于建立你所希望的那种形象。

形象是一个人仪表、气质、性格、内心世界的综合反映，人们通常是通过你的外在形象去了解你这个人的。因此，男人要重视对自己形象的包装修饰，这样你才能让自己出彩，在众人当中，鹤立鸡群，显现自己。

不要拒绝翩翩风度

男人要勇于追求时尚，但年纪稍大的男人对时尚的表现毕竟不能与 20 岁年轻人相同。年轻人追求的是新潮、另类，而中年男人要追求的则是风度翩翩。

那么，怎样做才能塑造男人的潇洒和风采呢？

（1）男人的时尚打扮

在服饰方面，男人的外衣、西装比较适于社交场合，其他运动服或法兰绒之类的软料外衣不适于社交场合；合体的上衣应长过臀部，四周下垂平展，手臂伸出，上衣的袖子恰过腕部；领子应紧贴后颈部；衬衫领子稍露出外衣领，衬衫的袖口也稍长出些。

①衣袋

正式服装的外部衣袋里是不应放东西的，裤子后袋里也不应放东西。皮夹、手帕、钢笔等应放在外衣里侧的口袋里。平时，不要把手插在衣袋里。

②礼服

用于略带庄重场合的穿着，现在通用的是全套西服（双排扣更为庄重些）。颜色为黑、灰或蓝，上下一色说明更加庄重。穿西服时最好也穿上西服背心，因为让人看到衬衫和裤子的连接处是不雅的。领带的花色要尽可能与衬衫、外衣的颜色搭配好。

15

③鞋子

黑色或深色的鞋可以同一切正式的服装配用。旅游运动鞋或布鞋不能同西服配穿。

男士着装注意事项：西装要穿着合体、优雅、符合规范。如打领带时，衣领的扣子要系好，领带要推到领扣上面，下端不要超过皮带。如果是穿毛衣，领带应放在毛衣里面，如果别领带夹，应在衬衣第二、三纽扣之间，不要别在领口。如不系领带，应把领口解开，衬衣领也可翻到西装外。一般西装是两个扣子，应记住扣子只系上面是正规，都不系是潇洒，两个都系是土气，只系下面是流气。如果是三粒扣子，应只扣中间一粒或都不扣。

（2）男人风度的自我培养

何谓风度？风度包括人的言谈、举止、态度，是人的心灵、性格、气质、涵养与外在体态的综合表现。男人的风度各异，有的文质彬彬、温文尔雅；有的敏捷聪慧、飘逸潇洒；有的坦率豪放、坚毅果敢；有的气度恢弘、深沉练达。

在我们这个社会上，人们羡慕优美健康的风度，向往和追求风度美，已经成为生活中的潮流。然而，要使自己拥有优雅的风度，并非一朝一夕便可养成，它需要持久而艰苦的自我磨砺。

男人良好的习惯是风度美的条件。保持站、坐、走优美的姿势和良好的生活习惯是必要的。人们通常认为，只要有美的相貌就具备美的形象，殊不知，这种美是不完全的。从审美角度看："在美方面，相貌美高于色泽美，而文雅合适的动作美又高于相貌的美。"一个男人长得再帅气，如果动作粗鲁，他的帅气也会黯然失色。在日常生活中，我们经常可以看到一些男人的不良习惯，如屁股坐在椅子上，脚却蹬在桌子上，走起路来没精打采，随地吐痰等等，极不雅观，更谈不上什么风度了。男人要想具有优美的风度，就要下工夫培养自己各方面的良好习惯。言谈举止、动静坐行都要符合规范。如，走路要昂首挺胸，步履轻捷，体态端庄，欣然而来，飘然而去，给人留下健康向上的风度美的印象。在培养风度的过程中，锻炼身体，注重体形的健美，也是很重要的。

内心世界与外部神态的有机统一，才能构成一个男人真正独特的风度。风度是一种内在气质的天然流露。言为心声，行为神使。难以想象一个心灵龌龊的男人会有优雅的风度。精神面貌直接影响到人的外观表现。所以，单一的外形体态是决定不了风度美的。只有具有美德，风度美才有价值。

所以我们应该知道美好的风度，靠盲目模仿是不行的。中年男人留长发，叼烟卷，装出一副潇洒样子给别人看，矫揉造作，反而弄巧成拙，显得轻浮粗俗，更没什么风度可言。只有从提高自身素质，养成各种良好习惯开始，男人优雅的风度才会慢慢养成。

（3）男人需要不断学习

中年男人要使自己的气质高贵，首先必须掌握渊博的知识；而要拥有渊博的知识，就需要通过长期努力的学习。

如果说最初的学习是生存的一种需要，那么男人的学习则是发展的动力。在现代社会里，学习已成为人生的伴侣，成为提高人们思想境界和生活质量的必由之路。凡是善于学习、自觉学习的男人，往往因有知识有才华，气质显得高贵；而那些不愿学习，不善于学习的男人，则因他们的无知而毫无气质可言。如今，学习能力已成为衡量现代男人的标志之一，学习不仅是学生的事，而且已成为当

第一章 塑造魅力
——戒蓬头垢面、不修边幅

代每一个男人求生存求发展的重要途径。

培根说过"知识就是力量"，但知识本身并不能成为力量，所以男人只有灵活地掌握知识的实际运用，使知识内化为主体素质，内化为主体的学识和能力，才能显示出无穷的力量，高贵的气质和人格的力量才能体现出来。

尽管风度和魅力不能取代性格和能力，但却是一支高附加值的金箭，它会让你更加自信，也会使别人对你投入更多的注意力。

男人修饰仪容也并无不可

妆扮也就是对仪容的修饰。一些男人认为，男人穿着时尚一点无可厚非，但如果去修饰护肤就有点太女子气了。这其实是一种该摈弃的过时的想法，成功的妆扮会使男人看上去干净精神，因此，男人修饰仪容也并无不可。

成功、健康、有魅力的男人应该具有以下特征：

（1）多洒男人香

电影《闻香识女人》中，艾尔·帕西诺凭着女人身上的香水气味，虽然双目失明，竟也能道出对方的外形，甚至头发、眼睛以及嘴唇的细节，仿佛男人对香水特别的敏感，会被女人深深迷倒。

遗憾的是，只有少部分男人能够清楚地分辨香水味，相反女人却是香水的敏感者，她们拥有细致的嗅觉，从原始的本能上是个彻底的侦探专家。

（2）洁白男人齿

恋爱中的男女，如果能拥有健康的牙齿与清新的口气，那么他们肯定能享受纯洁并且热烈的爱之吻。如果一个男性，五官不算太英俊，但他有一个灿烂笑容和一口整洁的牙齿，那么他也会打动女士的芳心，而且无论男或女，只有牙齿整齐清洁，才能尽情去恋爱，否则口中的气味会吓倒对方。

（3）健康男人色

都市中的男人脸色苍白，他肯定羡慕那些有机会度假把皮肤晒成黝黑色的人们，不过晒太阳易引起色斑、皱纹、灼伤等老化现象，男性要避免太阳下的暴晒，即使是日光浴也要选择阳光较弱的早上十点以前、下午四点以后。

你具有以上三种魅力男人的特征吗？没有的话，你就要多努力了：

（1）适当地使用男性香水

香水对提高男人的形象会有意想不到的作用，但男人如果使用的香水不恰当，将会给人留下不好的印象，所以，男人要选择一种适合自己体味的香水，而不要总是受广告的影响。

男人很可能对各类香水不是非常熟悉，但也许曾经试用过其中几种，并发现了自己特别钟爱的香水品牌。但身为男人的你是否知道其他人对它如何评价？不适当的香水会给你的同事传递错误的信息。

一般说来，适合于办公场合用的修面液和香水应该是清幽而又淡薄的，并且应该有一种清爽的味道。所以，当男人决定购买某种

戒蓬头垢面、不修边幅

香水前最好是先试用一下，如果仍然拿不定主意，那就请别人帮你出谋划策。

尽管如此，为了保险起见，男人不要在出席重要的会议前试用新的香水，以免招致别人的反感。其实正如我们大家都知道的，没有什么味道比刚洗完澡后新鲜、净爽的气味更无懈可击。所以，即便是一块好的除臭肥皂也能够使男人留下足够美好的香味，使周围的人感到愉快。

（2）精心修饰面部

男人应该精心维护自己的皮肤。每天需要对自己的脸进行清洗、着色和湿润两次，以去除积累在脸上的灰尘和污垢。这里给男人提供如下的参考意见：

①最好选择温和的泡沫型洗面液，它在温水中会起泡沫，可以帮助男人洗除尘垢和汗水。作为一个男人，特别要注意清洗两颊、鼻子和前额，这些地方通常会像胡须一样不易洗净。

②刮完胡子后，用一种柔和的没有酒精成分的增色液/粉底来洗除遗留在你脸上的修面液和洗面液。

③用一种没有香料的、含有 UVA 和 UVB 防晒成分的保湿液来湿润你的皮肤，就像在混浊的空气中把你的皮肤密封起来一样。保湿液在 3 至 5 分钟内就会被皮肤吸收。如果身为男人的你以前从未使用过保湿液，那就记住，用少量的保湿液就能使你的皮肤保持长时间的湿润。保湿液就像覆盖在你皮肤表面的一层极薄的面膜。假如你让保湿液充分发挥作用的话，你的皮肤将能更高效吸收保湿营养。

如果你的面色暗沉，那就考虑一下你的饮食。食用更多生的、未加工过的蔬菜和新鲜水果，另外每日饮用一升苏打水会使你的皮肤在短期内有非常明显的改善。任何能使你大量排汗的方式都有助于对皮肤毛孔的深层清洗,你的皮肤也会比人为的或日晒的棕褐色皮肤更加容光焕发。

(3) 眉毛的修饰

如果一个男人的眉毛非常浓密,那么将其浓密程度控制在一定的程度以下才会使自己的形象更加美好。

另外,如果男人的眉毛延伸得太长,或者杂乱,就应该考虑修剪一下。修剪的目的在于既能保持双眉的丰满,又能最大限度地改变眉毛存在的缺陷——多余的毛或不规则的形状。身为男人的你可以模仿女人通常所做的,用一把精巧的梳子和一把锋利的剪子修眉;如果你自己不精于此道,这也没有关系,一名优秀的理发师或美发师都会十分乐意在你需要的时候为你提供这项服务的。

(4) 外露的鼻毛和耳毛的修剪

当身为男人的你看到这个标题时心里是不是腻烦?事实上,外露的鼻毛和耳毛非常让人厌烦。这个问题在男人步入中年后变得尤为明显,也许你现在就有这样的烦恼,那么就买一把修剪鼻毛的专用剪刀,并学着自己修剪,因为修剪鼻毛并不是美发师和理发师的工作。

作为男人,我们或许会注意修饰自己的面孔,但绝不会太关心自己的耳朵。假如你的耳朵上长了"绒毛"。它们也许并不会烦扰你,因为这不在你的视线范围内,但在别人看来就不那么雅观了,甚至会感到恶心。彻底地清洗一下你的耳朵,再让你的妻子或你的母亲用精巧的剪刀来帮你修剪。

(5) 胡须的修理

生活中,有一些长有络腮胡子的男人,无论他们如何勤于修刮,

第一章 塑造魅力
——戒蓬头垢面、不修边幅

他们的下颌总没有那些胡须相对少的男士看上去干净。

其实，有修饰常识的男人通常会选穿白色或粉红色衬衫，这可以将络腮胡子的影响减少到最低限度，而蓝色衬衫只会把络腮胡子衬托得更为明显。

勤于修面的男人必然有更多的机会得到更好的工作，而他们在工作中也能更为广泛、更容易地被他人接纳。日常生活中，人们一般对蓄须的男人没有好感。

如果你很有权威或是位德高望重的男人，而你有喜欢或有蓄须的习惯。那么你就没有必要刮掉你心爱的胡子，不必理会那些不问实际情况总是反对蓄须的人的指手画脚。即使如此，身为男人的你仍然不可忘记经常对它们进行修剪，特别是要把脖子上的"胡须"修理干净，并把胡须的范围限制在你的下巴上。但是，如果你的胡须长得稀疏而又不均匀，那么你最好将它们修刮干净，免得给人别扭的感觉。

（6）脸部痣的处理

男人的脸越洁净，给人的视感就越好。如果男人的脸上长了肉疣或痣，这肯定会影响到自己的形象，你可以采取医疗手段将它们去除。咨询一下医生，他会给你开一些治疗肉疣和痣的洗液或软膏，或介绍你去医院对它们做外科切除手术。例外的情况是，有的痣被普遍认为是"漂亮的标志"，这并不是因为它们的漂亮，而是因为它们长得小巧，也没有长得太出格。在这种情况下，你就让它留在那儿。既然它的存在对你有好处，你何必将它去除呢？

（7）牙齿的保洁

对一个男人来说，保持你的牙齿和齿龈健康是你在每日的妆饰中要优先考虑的事宜。你每天必须刷三次牙，尤其是在午餐后。很多男人在下午都有着令人反感的口臭就是由于他们没有及时刷牙，像大蒜、咖喱、乳酪、鱼、酒、咖啡等都是导致口臭的最重要原因。男人在刷牙后，每天至少一次用牙用的枝棒或木棉清理牙齿，以保证你确实刷除了所有牙刷刷不到的食物残渣；同时，这也能帮助你保持牙龈的牢固，并使牙龈保持健康的粉红色。

男人或许对自己的牙齿都不太在意。其实每个男人每年至少要拜访三次牙科的卫生专家。以便对自己的牙齿进行专业性的清洗和刷亮处理。

总之，你要明白，妆饰并非女人的专利，男人也应该精心修饰自己。而且男人的妆饰并不用花费太多时间，但你却会因此让自己精神百倍。

不要忽视配饰的作用

现代男人的身上出现了越来越多的配饰，领带、戒指、手表，这些配饰除了起到装饰的作用外，还能体现男人的个性地位。

（1）领带

领带是象征男性的一种服饰。系领带的男人，会给人一种严肃守法、富有理性、有责任感和经济上过得去的印象。

心理学家还通过民意测验来了解系不同领带的男人的个性。结

第一章 塑造魅力
——戒蓬头垢面、不修边幅

果表明：系短领带且结头又很宽大，表明他是一个自信、很了解别人心事的男人；系斜条领带，说明此男人组织能力较强；如果领带结头打得过分紧贴，则表明他是一位有自卑感的男人。

一个懂得服饰美学的男人，他的领带结头的大小和领带的宽窄是根据西服的翻领选择的。至于领带的色彩和图案，则根据西服本身的色彩而定。

（2）手表

大多数男人都戴手表，由此可见，男人们有很认真的时间观念。当然，除了报时之外，男人戴的手表也可能是为了显示他们的身份。

①戴电子表的男人

电子跳字表清楚地显示每一分每一秒的过去，除此之外，它可能还有计算机及计时器等功能。喜欢使用这种手表的男人就是看中了它的多种功能，以备不时之需。

使用这种手表的男人，不是一个含蓄的人，他们喜欢"真实的东西"，凡事他们都要"打破砂锅问到底"，所以这种男人一般都真诚率直。戴这种表的男人的身份通常是因执著实干而事业小成者。

这种男人对抽象的概念没有兴趣，能够吸引他们注意的东西必须是摸得着、看得到或者听得到的。

他们的伴侣或配偶会埋怨他们不懂得生活情趣，但他们根本不明白她在讲什么，因为情趣对这种人来说实在是一个太过抽象的概念。

②戴机械表的男人

在科技发达、样样趋向自动化的年代，坚持佩戴需要天天上弦的于表的男人，肯定属于少数人。

这种男人会刻意标新立异，除此之外，他们也非常喜欢用自己的一双手去做事。有空的时候，他们会修理家庭用品，甚至装修家居。

如果一帮朋友叫这种人去歌舞厅，另一帮邀请他一起远足，他会选择后者，因为他宁愿亲近大自然。

与人相处时，这种人抱着"道不同，不相与谋"的态度，他们只让自己喜欢的人接近。他们从来不会刻意去迁就别人，因为他们觉得迁就就会使人交往失真。

他们亦相信一分耕耘一分收获的道理，他们对生命不会抱奢望，只是集中精力做自己的分内之事。这样的男人如果有成就的话，其身份可能令所有的人侧目，否则，便只能是一个郁郁不得志，孤寂无人理之人。

③戴显示各地时间的表的男人

显示各地时间这种手表可以同时显示世界各大城市的时间。但这并不代表喜欢戴这种手表的男人的身份是位旅游专家，很可能他根本很少有机会到外地旅游，而这个表只是令他多点旅游梦想而已。

这种男人是个喜欢在人面前露两手的人，他希望人家觉得他学识渊博，讲话有见地，对他表示尊重。

在工作岗位上，他懂得如何邀功，令上司赏识，但他的同事未必会欣赏他的工作态度，他们甚至可能集体非议他。

这种男人需要伴侣尊重他，时时将他放在第一位。但这种男人是否应该反省一下自己是否给予伴侣同等的待遇呢？

④喜欢使用袋表的男人

别人可能认为喜欢使用袋表的男人缺乏时代气息，是个老古

第一章 塑造魅力

——戒蓬头垢面、不修边幅

董，但这种男人依然我行我素，用他认为舒服的步伐去漫步人生。这种男人的身份通常是有坚实家庭背景，或对某种信念和理想至死不渝的人。

这种男人属于一个浪漫的年代，到了今时今日，他仍然选择通过书信去传递他的信息，而不肯滥用电话。

这种男人珍惜私人空间及时间，坚决抗拒不合理的骚扰。

这种男人还觉得做每一件事都有一个恰当的时间，他们最反对匆匆忙忙地虚度此生。

对于他有兴趣的事物，他绝对肯用时间去研究及追求，而他表明的态度是重质不重量。

⑤喜欢戴名牌手表的男人

名牌手表用来衬托名牌衣服，用意当然是标榜一个男人的身份地位。

喜欢使用名牌手表的男人非常注重自己外在的形象。这种男人渴望价钱不菲的装饰能够掩盖内在实力和身份较低的不足。

最有讽刺意味的一点就是：虽然戴了名贵的手表，但这种男人始终改不了不守时的坏习惯。或者除了追求名牌之外，他需要替自己的生命找寻一个更实在的重心，那么他才会更懂得珍惜自己及人家的时间。

（3）戒指

通常情况下，戒指能表明一个男人的身份，把戒指戴在无名指的男人一般表明他是一个已婚人士。其实，在现代社会，戒指这种功能在渐渐弱化，在某种程度上说，戒指正成为富有和风度的象征。

但对于男人们而言，戒指除了是身份的象征之外，还展现着其为人处世的风度。

①戴结婚戒指的男人

戴着结婚戒指证明自己是已婚人士的男人，表示他对自己的婚姻有一定的投入感及承诺感。

为何婚姻对这种男人如此重要呢？因为他们有很重的家庭观念，他们认为家庭是一个人扎根的地方，没有家庭的人心灵比较漂泊，容易失去个人的方向感。更重要的是，这种男人是尊重承诺的人。

此外，这种男人对身边的人也有某种程度的依赖，结婚令他可以名正言顺地依赖配偶。

除了对婚姻制度甚为尊重及支持之外，这种人对所有社会认可的制度都抱着类似的态度。可以说，这种男人绝对是个奉公守法的人。

②常戴钻戒的男人

钻石是财富的象征之一，钻石越重越能强调一个男人的身家，也更清楚地为匪徒们指认抢劫和绑票的对象。一个男人有钱是否需要借着钻戒来炫耀呢？那真是见仁见智了。不过有一点是肯定的，这就是常戴钻戒的男人很想让人知道他是有钱人，同时他亦希望财富会给他带来别人的尊重及特殊的待遇。

既然这种男人赋予金钱如此重要的功能，他不免有点势利，喜欢揣测人家的财富，也会有轻微的"憎人富贵厌人贫"心理。不过，从大体来说，这种男人并不吝啬，遇见需要援助的人，他会慷慨解囊，但给予别人援助后，他会将此事告诉大家。

③戴尾指戒指的男人

常戴尾指戒指的男人所戴的戒指多数镶以名贵的宝石。

这种男人绝对不想有人误会他是装富贵，但又觉得把钻戒戴在中指或无名指上实在没有品位，因此便选择了中庸之道。

这种男人经常在低调中显露自己的品位，他们喝的美酒不一定是数千元一瓶的名牌，但肯定属于上好年份、产地的优质货色；一般有钱人身上所穿的名牌货他们连眼尾也不会瞄一下，因为他们的衣服是由巴黎和罗马的裁缝为他们量身定做的。

一般人觉得这种男人为人爽直、不拘小节，但实际上他们对心仪的异性是非常细心体贴的。

对于事业，这种男人的野心并不是很大，但求赚来的钱足够平日的开销便可。他们不肯做金钱的奴隶，更认为工作与享乐同样重要。

④戴多只戒指的男人

喜欢戴多只戒指的男人有强烈的表现欲，经常在有意无意之间，让人家知道他的专长。在聚会中，他也喜欢抢着发表意见，希望众人把注意力集中在他的身上。

这种男人亦有太多方面的兴趣，因此他虽然知识广泛但欠缺深度。至于人生目标呢，他似乎很难决定，时常在转换，所以至今一事无成。

这种男人很容易对异性产生好感，甚至爱上别人，但只有三分钟的热度，这或者可以解释为何这种人每隔一段时间便会对其他异性产生好感的原因。

配饰会使男人显得更有个性和味道，因此男人应该学会利用配饰表现自己。需要注意的是，你的配饰应该符合自己的身份，太怪异的搭配只会引起别人的反感。

第二章
社交得体——戒放弃自己的原则

　　中国人待人接物讲究既要诚恳热情，又应当合乎彼此的身份，符合礼仪规范。如果一味只顾热情友好，而不顾"礼"的适度，就是所谓"热情越位"。"热情越位"与不够热情同样有害。"热情越位"会被人视为失礼和没有教养的表现。所以，身为男人在社交中更要得体，不要放弃自己的做人原则。

交际中不能拒绝"善意的谎言"

在人际交往中，有时候说"假话"也是一种必需，这也就是人们常说的"善意的谎言"。请不要怀疑这一点，交际中没有绝对的真实。

英国的一位男士一生耿直，憎恶在人际交往中有任何作假。为此，他在50年生命旅途中付出了沉重的代价，并终于有所醒悟。他痛苦地发现自己竟然找不到一个可以倾心交谈的人，连妻子和儿女也已离他远去。他只能把自己的新想法写在日记上，讲给自己听。他这样说："我到现在才相信，人与人相处是没有绝对诚实的。"

这位英国男士的经历是人类多少年来困惑的缩影。我们倡导人与人之间应该坦诚相待，但发现坦诚在许多时候会让人碰得头破血流。他把人类长期以来羞于启齿的隐秘说了出来：很多时候，交际并不需要真实。

其实，"假话"在人际交往中几乎是不可缺少的。生活中，我们就时常会说一些与实际情况完全不符的假话。许多假话在形式上与人际间真诚相处不相一致，但在本质上却吻合于人的心理特征和社会特征。人都不希望被否定，人都希望猜测中的坏消息最终是假的。为了人们许多合理的心愿暂时不被毁灭，假话就开始发挥作用。

真正能说好假话并不比说真话容易，首先我们应消除对假话的偏见和犯罪感。这样，我们才能把假话说好。说假话有三条规则：

（1）假话是无奈之下的真实

当我们无法表露自己真实意图时，我们就选择一种模糊不清的语言来表达真实。当一位女友新烫了头发，问我们是否漂亮，而我们觉得实在难看时，我们便开始模糊作假。回答说："还好。""还好"是一个什么概念，是不太好或是还可以？这就是假话中的真实。它区别于违心而发的奉承和诌媚。

（2）假话要说得合情合理

许多假话明显是与事实不符的，但因为它合乎情理，因而也同样能体现我们的善良、爱心和美好。经常有这样的问题：丈夫患了不治之症不久将要死去，妻子为之极感悲伤。她应该让丈夫知道病情吗？大多数专家认为：妻子不应该把事情的真相告诉他，也不应该向他流露痛苦的表情，以增加他的心理负担，应该使丈夫生命的最后时期尽可能快乐。当一位妻子忍受即将到来的永别时，她那与实情不符的安慰反而会带给我们感动。因为在这假话里包含了无限艰难的克制。

（3）有些假话不可不说

有时候是出于礼仪。例如，当我们应邀去参加庆祝活动前遇到不愉快的事情时，我们必须把悲伤和恼怒掩盖起来，带着笑意投入欢乐的场合。这种掩盖是为了礼仪需要，怎能加以指责？有时候我们说假话是为了摆脱令人不快的困境。例如，美国曾经就一项新法案征求意见，有关人员问罗斯："你赞成那条新法案吗？"罗斯说："我的朋友中，有的赞成，有的反对。"工作人员追问罗斯："我问的是你。"罗斯说："我赞成我的朋友们。"

交际中的假话，是在善意的基础上构筑的，是交际的必要策略，30几岁的你一定要在交际中牢牢掌握这一点，它一定会为你平添很多魅力。

会说的不如会听的

在社交场合我们常常看到这样的情况，一些年轻气盛的30岁上下的男女在众人面前高声地发表各种议论，声情并茂、滔滔不绝，然而周围的大多数人却都一脸怏怏不乐。人都是喜欢表现自己的，如果你总想让别人做听众，你就会失去人缘；而如果你能压抑表现自己的欲望，做一个好的听众，那你就会成为最受欢迎的人。

有一个30几岁的年轻人突然由一个口若悬河的"演讲家"，变成了一个"真诚"的倾听者，在解释自己为什么会有如此大的转变时，他讲了自己的一段经历：

我最近在一位夫人举办的晚宴上，见到了一位著名的植物学家。我坐在他边上，倾听他谈论热带植物，室内花园，以及关于马铃薯的一些惊人事情。他一直谈了好几个小时。午夜来临了，我向每一个人道别，走了。那位植物学家对晚宴的主人说，我是"最有意思的谈话家"。可是在这段时间里我几乎没有说过什么话，我只专心地听讲。因为我真诚地聆听，而他能够感觉到这一点，这自然使他很高兴。这种专心听别人讲话的态度，是我们所能给予别人的最大赞美。

一个成功的商业性会谈的神秘之处是什么呢？根据学者查尔斯·伊里亚特的说法"成功的商业性交谈，并没有什么神秘……专心地注意那个对你说话的人，是非常重要的。"

习惯发牢骚的人，甚至最不容易讨好的人，在一个有耐心和同情心的听者面前，常常会软化而屈服下来。

西雅图电话公司在几年前碰上了一个对电话接线生口吐恶言的最凶恶的用户。他怒火中烧威胁要把电话连线拔起。他拒绝缴付电话费用，说那些费用是无中生有。他写信给报社，到公共服务委员会去做了无数次的申诉，也告了电话公司好几状。最后，电话公司派一个最干练的调解员去会见他。调解员静静地听着，让那位暴怒的用户痛快地把他的不满一股脑地吐了出来，还不断地说："是的"，同情他的不满，长达 4 小时之久。如此几次，那位用户变得几乎是友善起来了。

调查员说："在第一次见面的时候，我甚至没有提出我去找他的原因。第二、第三次也没有。但是第四次我把这件事完全解决了，他把所有的账单都付了，而且撤销了那份申诉。"

无疑，那位仁兄自认是一位神圣的主持正义者，维护大众的权利免受剥削。但事实上，他所要的是一个重要人物的感觉。他先以口出恶言和发牢骚的方式取得这种感受。但他从一位电话公司的代表那儿得到了重要人物的感觉后，无中生有的牢骚就化为乌有了。

如果你想要使别人躲闪你，背后笑你，这就是一个方法：决不要听人家讲三句话以上；不断地谈论你自己；如果你知道别人谈的是什么，不要等他说完，就随时插嘴。无聊者，就是这种人——自

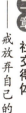

第二章　社交得体
——戒放弃自己的原则

以为了不起，自以为很重要。只谈论自己，只想到自己的人，是个丢失成功的人，是个不可救药的未受教育者。

聆听不仅是要听对方说什么，还得观其行、察其色。许多人并不善于言词，也有些人不愿把话说得太直白，宁愿有所保留。因此光从语言上，你是无法窥其真意的。这时候，就必须注意对方的神情、语气，配合其说话内容，才能真正领会到他的意思。因为，言语容易掩饰，但举止神情难以隐藏。

真正的聆听，是你对关心的人所付出的最大荣宠。它说："你是个了不起的人，我也很关心你，喜欢你，所以我愿意毫不分心地听你说。"今天，就请给某些人一点面子吧！以你的眼睛、以你的耳朵去聆听他们的心声，这是多么快乐的一件事！

有人认为，具有同情心的人朋友多；还有人说，态度和蔼的人朋友多；更有人说，善于聆听他人说话的人朋友多。不管怎么说，朋友多，无非就是别人乐意和你接近，容易从你身上获得同情、理解和谅解。朋友多，是建立在先做贡献的基础上的。如果你懒得把温暖给予别人，你也就别奢望他人的光亮会反射到你的身上。

其实，默默地聆听别人的倾诉，不只是一种同情和理解，不只是一种单向的付出。每一个人的生活履历，都是一部蕴藏丰富内容的教科书，都可供你阅读和吸取有益的养分，从而提醒自己，避开前进中的沼泽。所以，我们要善于去接近和喜欢别人，要学会聆听别人的话，对你的同窗、同道、同伴、同事、同仁，对你的父母、兄弟、姐妹、丈夫、妻子、孩子、恋人、友人都要这样。

在社交中不但要学会聆听别人的话，而且还要学会"善于应答"。

对于别人的谈话，你不能像木头人一样毫无反应，而是要做出适当应答。"善于应答"不但自古就是很困难的技巧，而且是随着时代的进步反而愈渐困难。这是因为生存竞争愈激烈，自我意识就愈强，或多或少都会有屈服对方的想法。然而在社交的领域里，必须同时有"说话者"与"听众"双方同时存在，否则就无法取得平衡。现代人习惯于不停地说话，一不说话就有失落感。所以，要做个"善于应答"的"听众"，是件很困难的事。

朋友关系必须建立在彼此共同的乐趣及关心的事情上，彼此的话题也必须建立在这些共同的乐趣及关心的事情上。如此一来，双方都兼具了"说话者"与"听众"的身份。而且，没有听众就不能构成一个完整的说话形式。

在亲密而有效的朋友交往过程中，必须要有善于应答的好听众。在谈话的过程中，乍看之下似乎是由说话者主导，但实际上要让说话者畅所欲言就必须要两个人一唱一和，应答者适时给予说话者善意的回答来鼓励说话者，说话者才能够继续说下去。

如果在听取对方发表了长篇大论之后才开始说："听了你这一席话真是受益良多，我们真是太投缘了。你的学识、经验真是太丰富了，教人佩服！"这话听起来未免太诌媚了。若真的是彼此契合，在漫长的谈话过程中却不曾出过一点声音，这岂不是自相矛盾吗？真正地激励对方，是要在最适当的时机给予对方回应，要让说话者相信对方是由衷地赞同自己的说法。但是，只要适时地附和对方的意见就够了吗？答案当然是否定的。只是附和与没有反应的效果是一样的。

善于应答的听者，还会配合适当的肢体语言来告诉对方"请说吧！我一直在听"，有这样的听者，才能够让谈话更顺利地进行下去。因此，在偶尔的附和声中，适时地提出反馈对方问题的一句话，就足以促进谈话顺利进行。滔滔不绝地说个不停，倒不如简单扼要的只字片语来得简洁有力，只要耐心地倾听，以眼神或脸上表情来告诉对方："太好了，说下去！"就能够让对方更热心地讲下去，这就是个善于应答的听者。

上帝之所以给了我们两个耳朵，一个嘴巴，就是为了让我们多听少说。学着做一个好的听众吧，没有什么会比专心听别人讲话更让人高兴的了。

社交中要戒掉的六个错误

一些男人常常抱怨自己莫名其妙就得罪了人，其实这都是由于他们不小心闯进了社交雷区造成的。因此年轻的朋友们有必要多了解一下社交中的禁忌，这样才能更好地与人相处。

第一，在任何情况下都不要迁怒于人。

社会交往讲究相互关心、相互尊重，如果把怒气发泄在朋友或者同事身上，就是心胸狭窄的表现。其实，在社会交往过程中，这种现象经常可以看到。譬如，某位领导在电话里遭到了上级的批评，满肚子火气没处发，就把秘书叫过来，挑点毛病猛批一顿。迁怒就是把自己的痛苦转嫁到别人身上，这实际上就是损人不利己。

要想建立良好的社交关系，树立良好的个人形象，就必须严禁自己迁怒于人。

（1）心胸宽广，受得了委屈，不要随便生气发火。

（2）保持头脑清醒，把不同的事分开对待，不要纠缠不清，自己一人受了委屈，也让周围的人跟着遭殃。

（3）遇事冷静，即使遇到不快的事情，也不要动辄发火。有句话说得好："生气是拿别人的错误惩罚自己。"保持心平气和，这样迁怒于人的可能性就会相对减小。

（4）尊重别人，尊重别人的感情和自尊。不能因为自己受到伤害，就一定要让别人也跟着受到伤害。

第二，不要开伤人的玩笑。

朋友之间、同事之间适当地开开玩笑，是双方关系融洽、互相信任的表现。在社交活动中，善意的玩笑可以活跃气氛，促进交流和沟通，但是，也会发生因为开玩笑而闹僵的事情。开玩笑并不是不可以，关键是要开得适当。

（1）对象。并不是所有人都愿意别人跟自己开玩笑。每个人的习惯和性格都不一样，有些人习惯于同别人开玩笑，有些人则对任何玩笑都反感。最好不要在长辈、上司和女性面前开玩笑。

（2）场合和时间。有些场合和时间是不宜于开玩笑的。譬如，当对方心情极坏的时候，根本没有听笑话的心情，就不要跟他们开玩笑；在庄重的场合，也不应该开玩笑，譬如在丧葬仪式上，或在某人失恋的时候。

（3）方式和内容。有些人喜欢开一些低级下流的玩笑，这种玩笑庸俗无聊，不但有损自己的形象，也会招致别人的反感。

第二章 社交得体——戒放弃自己的原则

37

第三，不要搬弄是非。

俗话说："道人是非者，必是是非人。"当面若无其事，甚至甜言蜜语，但背地里却搬弄是非，说别人的坏话。这种人无论到哪里，都会遭到众人的唾骂。当然，搬弄是非的行为虽然可恶，一些人也确实希望通过背后损人来达到自己的目的。但是，也有一些年轻人涉世未深，他们本来没有害人利己的目的，搬弄是非纯粹是由于无知，由于好奇，甚至有些还是因为嫉恶如仇，对看不顺眼的人和事喜欢发表议论。对于有这种不良习惯的年轻人，更应该多学习做人的基本知识，改掉搬弄是非的坏习惯，做一个正直善良受人欢迎的人。

其一，要正确对待是非。

每个人都有自己的缺点，你可能看不顺眼，但是，无论你如何讨厌一个人，都不要背着他在别人面前随意议论。如果你对他确实有意见，最好的处理办法就是，委婉地向他提出来，或者干脆闷在肚子里，保持宽容谅解的态度，对谁都只字不提。

其二，不要相信小道消息。

很多人从别人那里听到一些消息，就信以为真，觉得好奇，于是也随着别人一起散布，以为既然已经有人比我先知道，那就没有必要保守秘密了。

其三，应该有同情心。

散布流言者，往往对别人的不幸不但没有同情心，反而感到幸灾乐祸。因此，一定要富有同情心，对不幸的人们给予关心和帮助。

第四，不给别人取绰号。

其实，多数人还是希望别人用他们的真实姓名称呼自己，不喜欢别人给自己取绰号。即使是夸奖自己的，很多人也仍然觉得不舒服。所以，在社交活动中，应该遵循称呼的礼仪，尽量尊重别人。不要动辄用绰号代替真名。滥用绰号，是对别人的不尊重。因为绰号本身就带有评价人品的意思，而在社会交往中，随便对别人的人品发表看法，是对别人极端的不礼貌。

第五，交谈要文明有礼。

交谈是人与人之间交流沟通最主要的方式。因此，如何说话，对于建立良好的人际关系，显得极其重要。交谈中除了要讲究谈话技巧之外，还应该了解说话时的禁忌。

（1）避免说脏话。在日常生活中，脏话主要是骂人的，而且脏话也多半是在骂人的过程中产生出来的。

（2）避免说气话。气话一般指的是赌气泄愤的话。在社交场合，应该保持高度的自控力，避免被不顺心的事或者不顺眼的人所激怒。即使心中有火，也不要轻易在别人面前发泄。始终保持平和的心态，耐心与人沟通。气话只会妨碍双方的进一步沟通，既破坏了自己的心情，又容易使矛盾激化。

（3）避免说下流话。有些人喜欢同别人讲黄色下流的故事，专门谈论别人的艳史、绯闻，拿男女关系为谈资，开口不离性。说下流话往往是那些心术不正、缺乏修养的浅薄之徒的嗜好，在社交场合应该杜绝。

（4）避免说怪话。有些人跟人谈话，喜欢"语不惊人死不休"，总爱发表奇谈怪论，阴阳怪气，吓唬别人。其实都是无稽之谈，不足入耳。

社交场合应该使用文明语言，对他人表示尊重和礼貌。俗话说：

"言为心声。"纯洁的灵魂，见诸语言，必然文明、高雅；相反，粗话、脏话、气话等低劣的谈吐，反映的只能是鄙俗狭隘的思想。

第六，言而无信就会寸步难行。

言行一致的人才值得信赖。你答应别人的某件事，是不是能够兑现，如果不能够兑现，就证明你这个人的可信度太低，那么以后你再说什么，别人就不会相信了。人们检测一个人的可信度，就是通过他的言行是否一致来得出结论的。有信用的人才是值得信任的人。

社会交往中，守信用是一个人最起码的品格。不具备这种品格的人，很容易会被别人"挤出"社交圈。古人说："无信之人不可交。"朋友之间、同事之间、上下级之间、商业合作伙伴之间等所有正常的交际，都应以信用为基础，没有了信用，就会寸步难行。因此，社交第一大禁忌，就是言而无信。

要做到言而有信，就必须：

（1）不要随便许诺。轻诺的人最容易失信。因为轻易许诺的人在答应别人某件事的时候，虽然有可能确实想帮助别人，但是，一个人的能力和时间毕竟有限，不是想做什么就能够把什么做成。因此，对于任何人的请求，决不要没有经过深思熟虑就匆匆接受。一定要认真想一想，这件事的难度究竟有多大，自己的能力是否可以解决这个问题。应该把事情的难度和自己的能力反复权衡，考虑清楚以后，再回答别人也不迟。

（2）有个好记性。很多人失信于人，既不是由于他爱面子，也不是因为他缺乏能力，而常常是因为忘记了自己说过的话。一定要把自己答应的事记下来，写在纸条上，放在显眼的地方。

（3）正确估计自己的能力。有些人失信于人，既不是因为没诚意，也不是因为记不住，而是因为过高地估计了自己的能力。不要为了廉价的面子而丢失珍贵的信用。

总之，一个人在与人交往时不能什么都由着自己的性子来，至少不能触犯社交禁忌，否则你就会在社会上寸步难行。

戒掉不良的个性

有的男人可能会说："我这辈子就这样了，不讨人喜欢的性格谁也改不了！"其实，没有什么事是改变不了的，只要你愿意，就可以找到方法改变自己，让自己逐渐变得受人欢迎。

如果你有一向迟到的习惯，但你的朋友却厌恶迟到，所以你跟他约会的时候只好尽量准时，可是跟别人约会还是照样迟到。这表示你只是想留给他好印象，而不是真的决心改过。这种做法不能带给你任何快乐，也无法增强你想改变自己的动机，只会把自己变成一个奴隶，事事讨好你喜欢的那个人。

讨好别人未必会使人喜欢你，尝试讨好自己吧！以行动维护和增强你所相信的价值，你将感觉到别人会因此喜欢你——因为你做了正确的事情。

单是被别人喜欢还不够，要令别人喜欢你的方法是靠你做一些"吸引人"的事情，这些对你来说必须非常自然，也必须极富吸引力

第二章 社交得体——戒放弃自己的原则

的，否则不管别人怎么喜欢你，你也无法获得温暖，他们觉得你怎么样也无关紧要了。

成功的人都爱惜自己，他们以发展为动力，只要有可能，就总是不断地提高自己，改变自己。他们不会自我怜悯，不会自我摒弃，也不会自我嫌恶。他们的确是与众不同的人。在他们看来，每一天的生活都是愉快的，他们与别人一起享受快乐，愉快地生活。他们并非不会遇到问题，但当遇到问题时，他们不会陷入惰性。他们衡量精神愉快的标准并不在于是否摔了跟头，而在于摔了跟头之后如何继续生活。他们会躲在那里哀叹自己的不幸吗？不！他们只会从地上爬起来，掸掸身上的尘土，吸取教训，以新的姿态继续生活。他们只想生活，并在生活中得到幸福。"受人欢迎"并非难以达成之事，而且原则简单，多属自明之理。在此特列举"受人欢迎"的8项原则，这些原则曾有相当多的人不断试用过，而且成效卓著。现在你不妨先熟悉一下这些原则，并加以应用，让自己也变成一个受欢迎的人。

①熟记对方的名字。熟记对方的名字可使对方产生深刻的印象，这是因为姓名对于个人而言，可以说最具代表性。

②表现随和。尽量使自己成为一个随和的人，而且令人不致感到有紧张感。换而言之，你必须是一个态度轻松自然，毫不做作的人。

③控制自己的情绪。避免发怒、生气，要训练自己面对任何事都能泰然处之、从容不迫的能力。

④不自私。无论任何事都不逞强，不力求表现，而以自然的态度去应对。

⑤学会关心他人。如此一来，人们通常会乐于与你交往，而受关心的对方也会因你的关心而得到鼓励。

⑥检点自己的行为。尽量除去个性中不拘小节之处，即使是在无意识中所产生的。

⑦将爱戴人的态度推及至每一个人身上。尤其不要忘记威鲁洛加斯所言："我从未遇过令人讨厌的人，并秉持这一信念努力实行。"

⑧对他人有所帮助，若能尽心尽力帮助他人，他人也会对你付出关怀与爱心。

你可以先尝试在面对喜欢的朋友时改变自己，然后再扩展到一般的朋友，甚至是你不喜欢的人。等这样做已成为一种习惯后，你就会发现自己已经脱胎换骨，成为了一个受人欢迎的人。

幽默一点也无妨

培养一点幽默感对你的人际交往是大有好处的，不要担心它会影响你优雅的气质，因为幽默感并不是小丑式的插科打诨，而是成熟思想和智慧的碰撞，是学识和灵感的结晶。

幽默有稳定情绪、减低愤怒的功能。比如在一个团体中，眼看就要爆发尖锐的冲突，这时，如有人幽默地说几句妙趣横生的言辞，就很可能化干戈为玉帛，不至于发生一场唇枪舌剑的交锋。

幽默的语言再辅之以幽默的行动，更相得益彰，它让人从中得到审美的满足，给人以联想、回味的余地，使人们在笑声中明白事理。有一次，林肯作为被告的辩护律师出庭。原告律师将一个简单的论据翻来覆去地陈述了两个多小时，听众都不耐烦了，好容易才轮到林肯辩护。只见他走上讲台，先把外衣脱下放在桌上然后拿起玻璃杯喝了口水，接着重新穿上外衣，然后又喝水，这样的动作重复了五六次，逗得听众笑得前俯后仰。林肯一言不发，在笑声中开始了他的辩护演说。他的幽默表演，实在是对原告律师的嘲弄，这也为他辩护的成功奠定了基础。

幽默与恶语讥讽截然不同。幽默是智慧的结晶，恶语则是无能的表现。幽默能为人们酿出欢娱、快乐，恶语却给人们制造痛苦、气愤。所以，幽默谈吐是美德，而恶语相讥却是丑行。幽默也同滑稽差之千里。幽默无疑是典雅、高尚的，滑稽却是粗陋、低下的。幽默能使生活显得生气蓬勃，滑稽却只能给集体带来垃圾污垢。幽默引起的笑声，与无聊的滑稽打诨引起的发笑，是"两股道上跑的车"，不可相提并论。鲁迅说过："讲演固然不妨夹着笑骂，但无聊的打诨，是非徒无益，而且有害的。"

一个人的语言可以像优美的歌曲，也可以像伤人的邪火。幽默机智的语言能给人以喜悦满足之感。在社交中，适地适时地运用幽默，将会使人们的关系更加和谐、亲切。

在人际交往中，幽默的作用是显而易见的，但过分的幽默往往会使人产生厌恶的感觉，尤其是初交时。所以，在第一次交往中，便表现出过分聪明和很有才华的样子，不一定就会引起别人的好感。能做到庄重而不冷漠，幽默而无谐谑，这里包含相当深的学问。善于幽默的人，不应该取笑别人，免得使人感到窘迫。有时，宁可将自己作为取笑的对象，以此使整个场面轻松、欢快。所以，富有幽默感的人很少筑起自我防卫的高墙。幽默是人类特有的天赋，幽默与智慧相伴。古往今来，许多智者都不无幽默感，他们的智趣中蕴涵幽默，而幽默中含有机智。正如俄国文学家契诃夫所说："不懂得开玩笑的人是没有希望的人。"

有这样一个有趣的故事：一个无名的"诗人"来看苏东坡，带着一本诗册，希望听到东坡的意见。他朗读着自己的诗作，音调抑扬顿挫，露出扬扬得意的神态。"大人觉得鄙作如何？"他问道。"可得十分。"苏东坡答道。对方面有喜色。苏东坡又说："诗有三分，吟有七分。"东坡以幽默的话语婉转地批评其作品的低劣，使听者有回味反省的余地。

有人形象地说："没有幽默感的语言是一篇公文，没有幽默感的人是一座雕像，没有幽默感的家庭是一间旅店，而没有幽默感的社会是不可想象的。"人们给保加利亚的卡尔洛沃城冠以"笑城"的美称，卡城被称为是"讽刺与幽默之乡"。这个城的人们言谈中常有幽默、谐趣之语，因而性格开朗乐观，成了卡城居民的普遍品格。

我们常有这样的体味，在会场或聚会中，一席趣语可使笑语满堂，气氛和谐而轻松，增加接受效果；在友人间的笑谈中，一则笑话，常令人捧腹不止，在笑声中交流和深化了感情；在旅游登山时，一句幽默，引出一阵嘻嘻哈哈，顿使人倦意全消，鼓劲前行。可见，幽默与笑是情同手足的姐妹。上乘的幽默是鼓劲的维生素，是交际的润滑剂，是智慧的推进器。

幽默是人际交往的润滑剂，而适度的幽默感则会让你成为交际场中的明星级人物，它不但会使你与周围人的思想情感更接近一点，也许还会改变你的人生际遇，给你带来意想不到的收获。

不要丢失了自己的名誉

人格是一生最重要的资本。要知道，糟蹋自己的信用无异于在拿自己的人格做典当。

一个男人凭着自己良好的品性，能让人在心里默认你、认可你、信任你，那么，你就有了一项成功者的资本。

一个男人如果学会了如何获得他人信任的方法，要比获得千万财富更足以自豪。但是，真正懂得获得他人信任的方法的男人真是少之又少。大多数的男人都无意中在自己前进的康庄大道上设置了一些障碍，比如有的男人态度虚伪，有的男人缺乏机智，有的男人不善待人接物……这些常常使一些有意和他深交的人感到失望，对他失去信任。

所以，好男人都应该努力培植自己良好的名誉，使人们都愿意与你深交，都愿意竭力来帮助你。

"坚守信用是成功者的最大关键。"一个男人要想赢得大家的信任，必须下极大的决心，花费大量的时间，不断努力才能做到。

有一次，我国一艘海轮通过美国主管的巴拿马运河，可是该船抵达外锚地已是下午 4 点，这里已有 30 余艘船正在排队等候通过。如果按先来后到的次序，我国这艘海轮最早也要等到第二天下午才能过巴拿马运河。时间就是金钱。光排队耗费的时间，就会使这艘海轮损失一笔可观的收入。正在中国船员为这件事十分懊丧时，美国方面却通知：中国海轮早上 5 点起锚，为第二名通过的轮船。

这艘中国海轮为什么会受到优待呢？原来，主管巴拿马运河的美国管理机构不讲情面，却重信誉。他们从计算机调出的档案资料表明：这艘中国海轮三次经过巴拿马运河，每次都是船况良好，技能颇佳，可信度高，所以决定让中国海轮领头先行。

望着运河中缓缓而行的船队，中国船员想着自己海轮所受到的优待，更觉得"信誉"不但重千金，而且是永久性成功的生命力。

加拿大企业家金诺克·伍德曾给他的儿子写过讲诚实的一封信。因为他的儿子为签署一份合同而花费大量心血，可惜最终由于对方缺乏商业道德而告吹。伍德在信中告诫儿子：千万别为此而不快。你具有诚实的人格，而对方没有。欠缺诚实的行为必定会招致别的不良后果，所以不必为他的"成功"而懊丧。必须注意的是你自己的品格，这才是最重要的。

一位著名的企业家说过："我不知道的事情，我会坦白地告诉别人。我不清楚某件事，我会请了解这件事的人告诉我。这是我成功的奥秘。"成功男人应当具有这种不害怕说"我不知道"的诚实品格。不懂装懂是成功者之大忌。

一个诚实的男人在日常生活中表现出真诚、坦率，这种品格是一种永久性成功或者超级成功的强大生命力。因此在成功之路上走弯路、遭挫折、犯错误，这并不可怕。重要的是在事实和科学面前

第二章 社交得体——戒放弃自己的原则

47

要有诚实的态度，这样才能讲信誉，才能获取真正的成功。

香港某商业家主张："拿牙齿当金使。"这个主张的意思是一诺千金，崇尚信誉。后来，许多企业家、商业家都赞同这一主张。人要获得超级成功，其因素有很多，但有一点不容忽视，那就是信誉。

优秀的男人在追求成功的道路上，从来不给别人留下不诚实和不守信誉的印象。正如有人比喻的：信誉仿佛是条细线，一旦断了，想接起来，难上加难！

不要有任何一次的欺骗

要让新结识的人喜欢你、愿意多了解你，诚恳老实是最可靠的办法，是你能够使出的"最大的力量"。

对于很多男人来说，平时最忌讳的就是用欺骗手段来换取成就。因为日久之后，自己的欺骗，被对方看破，对方对你的一切，不能无疑，今日你虽真诚待他，对方还是会认为这是你另一种姿态的虚伪，即使你拿出赤心相示，他还是会认为你在做作。所以无诚不信，无信不诚。你要诚，必先要修信，修信乃能立信，立信乃能行诚，因此千万不要有一次的欺骗。要建立你坚强的信心，免得对方发生不必要的怀疑。

美国女记者基泰丝在一家叫"奥达克余"百货商场买了一台"索尼"唱机，基泰丝在商场受到售货员热情的接待，他们满面笑容地为基泰丝挑选一台未启封包装的唱机。但女记者晚上到家一试，却发现自己买的是一台无法使用的坏唱机，不由得火冒三丈。她决定第二天与该商场交涉，并迅速赶写好一篇"曝光"的新闻稿——《笑脸背后的真面目》。

第二天清晨，基泰丝还没有起床，就接到"奥达克余"商场的电话，通知商场副经理和一名职员随即前来道歉。半小时后，"奥达克余"一名职员给女记者送来一台合格的唱机，外加蛋糕、毛巾和畅销唱片。接着，同来的副总经理宣读了一份备忘录，讲述该商场连夜寻找基泰丝的经过。原来，商场从电脑资料分析得知，有一台没有装内件的唱机已经被当做合格品售出。尽管这时已经接近深夜，但商场还是连续打了35次紧急电话，四处寻找这台唱机的买主，最终找到了基泰丝。

"奥达克余"通宵达旦地纠正自己的错误，使基泰丝深受感动。她立即重写新闻稿《35次紧急电话》，使"曝光"变成了"表扬"。"表扬"稿一经发表，公众反响强烈，而"奥达克余"的信誉也随即大增。

诚能动人，至诚可以感天，虽然是家喻户晓的老话，但若论其效力的宏大，古今中外，却颇少例外。

诸葛亮高卧隆中，自比管乐，抱膝长吟，略无意于当世。他与刘备原是素昧平生，刘备一心想收为己用。刘备仗着自己是中山靖王之后，汉室的子孙，同时利用人心尚未忘汉的机会，亲自去访问诸葛亮，一连去了三次，才得相见。这种行径，十足表示他的诚挚。诸葛亮的无意当世，原是找不到合意的主子，亲见刘备有恢复汉室的雄图，对他又万分诚挚，认为他是合意的主子，便放弃高卧隆中的主张，相随左右。虽几经挫折，绝不灰心，到后来竟以"鞠躬尽瘁，死而后已"报答，可见其诚挚动人之深。

所以你如果已有相当的地位，真能用诚挚的方法，网罗人才，谁都乐被你所用。有学问，有本领的人，虽清高几许，不肯降格相就，但是"有美玉于斯，韫椟而藏诸？"其内心还是"沽之哉，沽之哉，待善价而沽之者也"。至于"独善其身"乃是穷的消极办法。这就是说，只要你用诚挚的方法，谁都不会拒绝的。不过所谓诚挚，不能在外表上用功夫，说话表情虽好，如果你的内心不诚，至多也只能成为"巧言令色"罢了。对方若是个贤人，岂有看不出你虚伪的道理？因为内心不诚，凭你的巧言令色，终有若干破绽，给对方看出，那么你的巧言令色，则成为心劳术拙！你的内心能诚，表现于外的就无所不诚了，即使拙于辞令，拙于表情，仍无害你内心的诚，或者因为拙的关系，反而衬托出你的朴，诚而且朴，效力更大。古人说："减之者灭之道也，诚之者人之道也。"所谓的内心之诚，就是诚的基本。辞令表情，不过是诚的方法。只要对方对拍，素无误会，素无恶感，你的诚挚，必能感人。

"女也不爽，士贰其行，士也罔极，二三其德。"对配偶的不忠，还会遭到怨恨，何况对于素无交情的贤人，哪有不鄙视你的为人呢！也许你曾遇到过这种人，你以诚挚待他，他偏以谲诈报你，便引起了你对于诚的怀疑。其实不必怀疑，诚是绝对有效的，不会有什么例外，若发生例外那也只是你的诚力量太弱，还不足以打动对方的心罢了，这叫做诚之未至。你应该增加你的诚，直到能打动对方的心为止。

真实之中有伟大，伟大之中有真实。好男人就要以真诚昭示天下，做一个堂堂正正的好男儿。即使生命中没有丰功伟绩，同样可以使自己的人生充满敬仰。

第三章
话说到位——戒失去亲和力

  具有亲和力的男人在与人谈话时总是用友善的口吻,脸上也总是保持着微笑,这样能有效消除人与人之间的隔膜,拉近彼此间的距离。在人际交往中,具有亲和力的男人宽容随和、通情达理,无论何时何地都是广受欢迎的。即便是批评,有了亲和力,也会更容易让人接受。因此,男人在说话到位的前提下,千万不要失去亲和力。

"口舌之快"逞不得

男人应该明白，人有好口才不是坏事，但运用不当则会坏事。因此说话要谦让，要有分寸，因为说话树敌是最愚蠢的行为。

生活中，"多个朋友多条道，多个敌人多堵墙"，这个道理是无所不在的。树敌过多，不仅会使人在生活中迈不开步，即使是正常的工作，也会遇到种种不应有的麻烦。

要避免树敌，你首先要养成这么一个习惯，那就是绝不要去指责别人。指责是对人自尊心的一种伤害，它只能促使对方起来维护他的荣誉，为自己辩解，即使当时不能，他也会记下你的一箭之仇，日后寻机报复。

对于他人明显的谬误，你最好不要直接纠正，否则好像是故意要显得你高明，因而又伤了别人的自尊心。在生活中一定要记住，凡非原则之争，要多给对方以取胜的机会，这样不仅可以避免树敌，而且也许可使对方的某种"报复"得到满足，可以"以爱消恨"。

假如由于你的过失而伤害了别人，你得及时向人道歉，这样的举动可以化敌为友，彻底消除对方的敌意。说不定你们会相处得更好。"不打不相识"这一民谚富含了这一哲理，既然得罪了别人，当时你自己一定得到某种"发泄"，与其等待别人"回泄"——不知何时飞出一支暗箭，远不如主动上前致意，以便尽释前嫌。

为了避免树敌，还有一点需要注意，那就是与人争吵时不要非占上风不可。实际上，争吵中没有胜利者，即使是口头胜利，但与此同时，你又树立了一个对你心怀怨恨的敌人。争吵总有一定原因，总为一定的目的，如果你想使问题得到解决，就绝不要采取争吵的方式。

　　争吵除了会使人结怨树敌，在公众面前破坏自己温文尔雅的形象外，没有丝毫的作用。如果只是日常生活中观点不同而引致的争论，就更应避免争个高低。如果你一面公开提出自己的主张，一面又对所有不同的意见进行抨击，那可就太不明智了，几乎等于把自己孤立起来。因为辩论而伤害别人的自尊心，结怨于人，既不利己，还有碍于人，实在是不足取。

　　那么，如果遇到非争论不可的情况该怎么办呢？

　　（1）认真听听对方的意见

　　首先，你不妨使对方先说出他的想法，以便仔细地听取它。否则，他总会感觉到受到了伤害，态度也就变得越强硬了。而且，人有一种欲望，那就是尽量地把心中的疑惑倾吐出来。当这种欲望未得到满足时，是无法去倾听别人意见的。因此，当你要对方接受自己的意见时，不妨先听听对方的话。如果可能的话，叫对方重复一下他的意见，并问他是否还有什么话想说。

　　（2）不要急于回答质问

　　当受到质问时，有不少人会即刻答复，速度之快，可以用"间不容发"来形容。事实上，这并非好的方法。这时，你不妨先看看对方的脸，隔一会儿之后再答复。如此一来，将能够给对方一种满足感，他会认为自己所说的话，值得你思考一番。这样当然就有利

第三章 话说到位
——戒失去亲和力

53

于你。不过，只要稍停顿一下就行了。如果你停顿得太久的话，对方会认为你不肯明确答复，或想避重就轻，甚至认为你无意回答他的问话。

即使你不得不反对对方的想法，亦不应间不容发地提出反对之词。这么一来，你无异是在告诉他："你的想法是不足取的，根本就没有考虑的价值。"

（3）不要彻底占据上风

每逢争论之时，每一个人都会认为自己的想法是正确的。至于对方的想法呢？则往往会认为是荒谬的，完全错误的。其实不管是何种争论，每个人都会有正确的意见，也有不正确的想法。因而，当你与别人展开争论时，不妨对对方的某一项意见表示让步，这么一来，你必定能够在某一部分找出双方一致之点。你这样做之后，对方也会对你的某些意见表示让步。

在这种场合，你不妨使用"是的……可是"的说话技巧。你可婉转地说："是啊，关于这一点，我同意你的意见，不过除此之外，不是还有这样的方法吗？……" "采取此种方法，不是更好一些吗？"如何呢？你已经知道了此种方法的要领了吧？那么，就请你赶快把它派上用场吧！

（4）表达自己的意见时态度要温和

与人争论时，切勿感情用事，态度不要过于激烈，换句话说，当对方反对自己的意见时，切勿不顾一切地让他们接受自己的意见，因而展开激烈的争论，甚至采取过火的态度。这种方法是不会产生很好效果的。因为人们对这种恫吓的态度，往往会产生反感，当然就更不想改变自己的想法了。

相比之下，如果能够心平气和地道及事实的话，则更能够产生效果。同时，千万别摆出"我说的绝对没错"的态度，最好是能够以"我的想法或许有错"的谦逊态度去说话，这么一来，对方将会听取你的想法，不知不觉地接受你的想法。

（5）借别人之口说自己的话

当你与别人展开争论之时，最好让第三者代你说出自己想说的话。就像母亲教导孩子时，总是说："老师不许你如此做的。"或者"这样做，老师会处罚你的……"总比以自己的想法教导他，效果要大得多。因为每一个人都有一种心理倾向，那就是：很难于信服"卖瓜者说瓜甜"的说法。经过第三者的透露之后情形就不同了。在这种场合里，即使主张与你的想法不同，但你也不至于刺激了对方的自我。

比如，你想要丈夫把工资原封不动地交给你的话，不妨如此说："据统计，把工资原封不动地交给太太的丈夫，目前已达到了97%以上……"

（6）争论时别忘了给对方留面子

当你与别人展开争论时，有一件事是非记住不可的，那就是要保全对方的面子。因为一个人在讲了自己的想法之后，即使察觉到自己的想法有差错，他也坚决不会自认错误，或者改变想法，因为一旦承认了自己的错误之后，往往会疑心生暗鬼，惟恐他人会认为自己是撒谎者，或怕别人因此瞧不起自己。因此，为了保全对方的面了，你最好为他制造下台的机会。你可以推说："这也难怪，因为你没有真的和那个人接触过，当然会如此想了。"或者："只要不明就里，大家都会如此想呢！"

又如，当对方弄错时，你不妨推说那是无可奈何的事："这不算什么，以前我也屡犯这方面的错误。只要熟悉了之后，自然就熟能生巧，再也不会有错误了。"

总之，口吐莲花，与人争辩起来所向无敌未必是什么好事，因为逞"口舌之快"而埋下仇恨的种子，实在是可悲至极。

话说得滴水不漏，用嘴巴赢得一席之地

说话尺度是分寸感中最难掌握的，有些男人不懂得说话时掌握分寸，因此常常得罪人，不利于人际交往。

一言可以兴邦，也可以乱邦。所以精于世故的人，对人总是"话留三分余地"，可以不开口的，就嘻嘻哈哈，三缄其口，实行其"庸言之谨"。比方他有隐私惟恐人知，你说话时偏在无意中说他的隐私。基于"言者无心，听者有意"的道理，他会认为你是有意揭破他的隐私，这是说话的第一忌。

他做的事，别有用心，他对自己的用心，极力掩蔽不使人知。如果被你知道了，必然对你非常不利。你如与他素所熟悉，对他的用心知之甚深，他虽不能断定你一定明白，然而终究会对你感到十分疑惑与妒忌。你处于这种困难境地，绝不可对他表明绝不泄漏，那你将何以自处呢？你惟一的办法，只有假作痴聋，如无其事，而这就是说话的第一忌。

他有阴谋诡计，你却参与其事，代为决策，帮他执行。从乐观方面说，你是他的心腹；从悲观方面说，你是他的心腹之患。你虽谨守秘密，从来不提及这件事，不料另外有智者猜得其情，对外宣告，那么你是无法逃掉泄露的嫌疑，你只有多事亲近他表示自己绝无二心，同时设法侦察泄露这个秘密的人，这是说话的第三忌。

万一对方对你尚无深切的认识，没有十分信任，你偏极力讨好，对他说极深切的话，假使他采用你的话，然而试行的结果并不好，一定疑心你有意捉弄他，使他上当。即使试行结果很好，对你也未必增加好感，认为你只是偶然看到，实行又不是你的力量，怎可以算你的功劳。所以，你这个时候还是不说话的好。这是说话的第四忌。

他犯有罪过被你知道，你便大义凛然，直言进谏。他本来就已觉得内疚，惟恐旁人知情，你去揭破，他自然十分惭愧，进而由惭愧转而愤恨，由愤恨进而与你发生冲突，你不是又凭空多了一个冤家？可知即使劝告，也应以婉转为宜，这是说话的第五忌。

对于成功，即使计策是出于你，但他是你的上司，必会深恐好名声被你抢去，内心惴惴不安。你知道了这种情形，就应该到处宣扬，逢人便说，极力表示这是上司的善谋，这是上司的远见，一点也不要透露你曾付出了什么力量。

一个人的语言能力对于人类社会的发展和进步有着举足轻重的作用。早在春秋战国时期，中国古代的思想家、教育家孔子已将语言表达提高到一个十分重要的地位："一言而可以兴邦，一言而丧邦。"德国诗人海涅也曾经说过："言语之力，大到可以从坟墓唤醒死人，可以把生者活埋，把侏儒变成巨人，把巨人彻底打垮。"

在现代化的信息社会里，时代对于人才素质的一个基本要求就是要具有较强的交流信息的语言表达能力。

有一个人，爱说大实话，什么事情他都不会打一点圆场，照实说，所以，不管他到哪儿，总是被人赶走。这样，他变得四处漂泊，无处栖身。

后来，他来到一座修道院，希望他们可以收留自己。修道院长见了他，问了他的遭遇，知道了情况之后，认为应该尊重那些热爱真理，说实话的人。于是，把他留在修道院里安顿下来。修道院里有几头牲口已经不中用了，修道院长想把它们卖掉，可是他不敢派手下的什么人到集市去，怕他们把卖牲口的钱私藏腰包。于是，他就叫这个人把两头驴和一头骡子牵到集市上去卖。

可是这个可怜的人在买主面前只讲实话，说："尾巴断了的这头驴很懒，喜欢躺在稀泥里。有一次，长工们想把它从泥里拽起来，一用劲，拽断了尾巴；这头秃驴特别倔，一步路也不想走，他们就抽它，因为抽得太多，毛都秃了；这头骡子呢，是又老又瘸。如果干得了活儿，修道院长干吗要把它们卖掉啊？"

不用说，这个人以后在修道院的日子肯定不好过。

作为一个男人，要深深懂得言语的力量，用语言作为自己左右逢源的武器，话要说的滴水不露，用嘴巴为自己赢得一席之地。

一听二思三张口

话一旦出了口，就无法收回。控制你的言语，要特别小心讥讽之言，你从刺人的话中得到的短暂满足远远不及你付出的代价。善于听，善于想，慎重出口。

男人通常很喜欢美化自己，也都想让对方相信自己的叙述；另一方面，每一个男人又想探知别人的秘密，并且都想及早转告别人。这种现象，也许可以说是男人的本性。"一吐为快"的心理，有时候会受到某种因素的限制，不敢大胆地说。遇到这种情况，我们应该想办法解除限制。这样，对方就会自动地说出心意了，这就是所谓的"善解人意"。

很多时候，你的简短回答和沉默会迫使对方自我防卫，他们会紧张兮兮地以各种评论填满沉默，这样不经意就会暴露出自身的弱点。他会推敲你的每一句话，这种对你简短意见的特别关注只会增加你的魅力。

俗话说："言多必失。"话太多了，难免会给自己招来一些麻烦。

沙皇尼古拉一世平定了一场由自由分子领导的叛乱，判处领袖李列耶夫死刑。当绞刑开始时，李列耶夫在一阵摆弄之后，绳索断裂了，他猛然摔落在地上。在当时，类似这样的事情会被当成是天意，犯人通常会得到赦免。

李列耶夫站起身后，向着人群大喊："你看，他们甚至连制造绳索也不会。"

一名信使立刻前往宫殿报告绞刑失败的消息，并说："陛下，李列耶夫这样说：'你看，他们甚至连制造绳索也不会。'"听到这样的话，沙皇说："那么，让我们来证明事实相反。"

第二天，李列耶夫再度被推上绞刑台。这一次绳索没有断裂……

你必定会为李列耶夫的愚蠢而发笑，却不会想到，类似的事情在你的身上也可能发生。想想你是否为了逞强，而说过激的话就明白了。

你应该明白，如果想要用言语震慑别人，你说的越多，就越显得平庸，而且越不能掌控大局。同时，你说的越多，就越有可能说出愚蠢的话来。

如果你说的比需要的少，必定会令你看起来更了不起，更有权势。因为你的沉默会让其他人不自在，而人是追求诠释和解释的机器，他们想要知道你在想什么。如果你小心翼翼地控制住要吐露的讯息，他们就没办法洞察你的意图。

借助言语想要驱使人们去做你希望的事通常是行不通的，他们只会因为你的乖僻而反对你，毁灭你的愿望，不服从你。所以，在人生绝大部分的领域内，你说的越少，就越显得神秘。当你学会闭上嘴巴时，实际上更有机会拥有权力。

一个人想处理掉自己工厂里的一批旧机器，他在心中打定主意，在出售这批机器的时候，一定不能低于50万美元。

在谈判的时候，有一个买主针对这批机器的各种问题滔滔不绝地讲了很多缺点和不足。但是这个工厂的主人一言不发，一直听着那个人口若悬河的言辞。到了最后，那位买主再没有说话的力气了，突然蹦出一句："我看这批机器我最多只能给你80万美元，再多的话，我们可真是不要了。"

于是，这个老板很幸运地整整多赚了30万美元。

长时间的沉默会给人造成极大的心理压力，因为人性是排斥黑暗和沉默的。沉默使人感到没有依靠，有的时候真的可以让人为之疯狂，所以人常常会沉不住气。

许多心理战场的高手经常利用"沉默"这一策略来击败对手。他们可以制造沉默，也有方法打破沉默，他们往往以此达到目的。

沉默并不是简单地指一味地不说话，而是一种成竹在胸、沉着冷静的姿态，尤其在神态上表现出一种运筹帷幄、决胜千里的自信，以此来逼迫对方沉不住气，先亮底牌。如果你神态沮丧，像霜打了的茄子一般，只能是自讨苦吃了。沉默只是人们表达力量的一种技巧，而不是本身就具有优势力量。

"静者心多妙，超然思不群。"沉不住气的人在冷静的人面前最容易失败，因为急躁的心情已经占据了他们的心灵，他们没有时间考虑自己的处境和地位，更不会坐下来认真地思索有效的对策。在最常见的讨价还价中，他们总是不等对方发言，就迫不及待地提出建议价格，最后让别人钻了自己的空子。

行走于社会，你会有许多与别人相持不下的局面，那么，请谨记这个忠告：一听二思三张口。多听，多想，然后才去说，方能使自己处于主动地位。

一个优秀的男人，如果希望别人对你产生好感，那就必须先学会倾听。在倾听的过程中，他会对你产生好感和亲近感，你们的友谊会因此不断加深。因此多听听别人怎么说吧，善于倾听会让你处处受欢迎。

别为说话得罪人

日常交往、办事沟通都离不开交谈，会说话的人能在社会上纵横奔走，左右逢源，而不会说话者就难免与人产生摩擦，甚至惹来是非。

社会上，有一些男人自认"阅尽世事"，于是总是不分场合地说三道四，更糟糕的是，他们只图自己说得痛快，刺伤了别人还不自知，结果不知不觉中埋下了一颗颗仇恨的种子，这实在是一件可悲的事。

那么，哪些错误的言谈方式是必须改正的呢？

（1）在与人交谈中，总将自己放在主要位置。

谈话时切忌自始至终一人独唱主角，喋喋不休地推销自己，滔滔不绝地诉说自己的故事。有个名人说过，漫无边际的喋喋不休无疑是在打自己付费的长途电话。这样不但不能表现自己的交谈口才，反而令人生厌。要知道池蛙长鸣，不为人注意，而雄鸡则一鸣惊人。这就说明过多地"说单口相声"不能交流思想，不能增进感情。交谈时应谈论共同的话题，长话短说，让每个人都充分发表意见，留心别人的反应，这样才能融洽气氛。正如亚历山大·汤姆所说："我们的谈话就像一次宴请，不能吃得很饱才离席。"

（2）尖酸刻薄、烽烟四起的争辩。

言谈交际中免不了争辩，但善意、友好的争辩更能促进彼此间的了解，活跃交际环境，起到调节气氛的作用。有时一场精彩的争辩会令人荡气回肠，齐声喝彩；但是尖酸刻薄得理不饶人，争得面红耳赤，以致烽烟四起，导致心情不爽，望而生叹，敬而远之，同样令人生厌。

（3）逢人诉苦，博取同情。

在人的一生中，每个人都会遇到挫折和苦难，但每个人应对的方式不同，有的人迎难而上，有的人知难而退，有的人却将苦难带来的愁苦传染给别人，在众人面前每陈辛酸，以获同情。小泉是一名税务干部，工作上难免碰到一些挫折——追税遭到冷漠，查税遭到无端谩骂等，他因而大伤脑筋，忧从中生。于是就经常唉声叹气，怨天尤人，说这工作太难做了，实在不想干了，一肚子的苦水。工作之余，朋友相聚，共叙衷肠，小泉少不了将苦水倒出来。开始时，朋友也愿为之排忧解难，想一些法子，给他鼓鼓气。但是每次相聚谈话都是如此，朋友们觉得小泉太没志气，简直就是一个"苦水瓶"，以后与他的交谈渐疏。因此，交际中一味地诉苦会让别人觉得你没魄力，没能力，会失去别人对你的尊重。

（4）无事不通、无事不晓地耍能。

言谈中，谈话的内容往往涉及天文、地理、历史、哲学等古今中外、日月经天、江河行地般的话题。如果你在交谈中表现"万事通"、"耍大能"，到时定会打自己的嘴巴，砸自己的脚。因为交谈

第三章　话说到位
——戒失去亲和力

是相互了解、相互交流的方式，而不是表现学识渊博、见识广泛的舞台。更何况老子曾说过："言者不知，知者不言。"交谈中什么都说的人其实什么都不知道。"两小儿辩日"的故事我们都知道，大教育家孔子都会在两个小顽童面前碰钉子，可见人千万不要逞能。

（5）在交谈中表现失礼。

每个人都有自己的言谈习惯，尊重他人的言谈习惯同时也能获得他人对你的尊重。如果你发现别人都不太喜欢与你正经交谈，而你想改变这种状况时，可以做多种努力，检查一下自己在言谈习惯中有无失礼行为也是方法之一。你可以通过熟悉你的同学或朋友来了解自己是否在言谈中有下列失礼的情况：

①经常性急地打断别人的说话。

②常常一口否定对方的观点，比如说："绝对不可能像你说的……"，"你说的根本不对头……"

③常有"别瞎说"、"胡说八道"、"你真蠢……"等不礼貌的口头语。

④喜欢模仿别人的语调和口气来取乐。

⑤以居高临下的口气说话，或常带有"懂不懂……"、"我说的……"之类的口语。

你可以自我检查，也可以邀请他人帮助观察。

将发现的问题记录下来，让他人有意在交谈中模仿你失礼的表现，加深对此行为的认识。

针对失礼制订小小的修正计划，加强对自己所用语言的注意。还可以采取一些措施，例如：

①每次开口说话之前，先做一个将两手的大拇指对碰一下的动

作，暗示自己要尊重他人。

②开口之前先自问一句："他的话是否说完？"如果一开口，发现别人还没有讲完，应该有礼貌地说："对不起，打断了你，请接着讲。"

③一旦发现对方观点与自己相左，不要急于否定，先设法去理解对方是怎么看的，考虑一下他（她）的道理，这样便不会轻易否定了。

（6）大谈特谈得意事。

有些人与别人聊天时常常不欢而散。究其原因，不外乎聊天的话题平淡无味，大家兴趣索然；聊天时遇到有争论的话题，偏要与人争个高低；或开对方过火的玩笑，带有嘲弄的意思，令人不悦。此外，滔滔不绝地谈论有关自己的话题，炫耀自己也是惹人讨厌的常见不良习惯之一。

如果你是与人聊天中说话最多的一个，那么可以检查自己在聊天过程中有没有以上的表现，发现自己的习惯中有不妥之处，应马上做个改变。

喜欢别人注意到自己的爱好或长处是人们常见的心理需求。自信的做法是，在与人交往中以行动表现出来，或者是在别人向你提问时谨慎回答。当别人没有注意到你或是没打算听你自我介绍某些优势时，你所说的话容易被人看成是自我炫耀。此时，对方的面部表情会自然地表现出冷淡。你若想确立自己的良好形象，保持谦虚谨慎的态度是上策。如果一个人总在别人面前显示自己得意之情，一方面会暴露出自己肤浅的见识，另一方面会损失无价之宝——友谊。

举个例子来讲，一个嗜赌如命的人，看到不会赌钱的人，很可能会揶揄他一番："你连这个都不会，那人生还有什么快乐可言？"

第三章 话说到位
——戒失去亲和力

这话传到朋友的耳里，肯定不会让他感到愉快的。

所以，每逢开口说话，不管是什么内容，都要注意别让别人产生己不如人的感觉。有一次，一位先生约了几个朋友来家里吃饭，这些朋友彼此都是熟识的。他们聚拢来主要是想借着热闹的气氛，让一位目前正陷于低潮的朋友心情好一些。

这位朋友不久前因经营不善，关闭了公司，妻子也因为不堪生活的压力，正与他谈离婚的事，已到不惑之年却内外交困，他实在痛苦极了。

来吃饭的朋友都知道这位朋友目前的遭遇，大家都避免去谈与事业有关的事，可是其中一位朋友因为目前赚了很多钱感到春风得意，所以，酒一下肚，忍不住就开始炫耀他的赚钱本领和花钱功夫，那种得意的神情，在场的人看了都有些不舒服。那位失意的朋友低头不语，脸色非常难看，一会儿去上厕所，一会儿去洗脸，后来他提早离开了。

人人都会经历人生的低谷，人人都会遇上不如意的事情，这时，在失意的人面前炫耀自己的得意之处，无异于在别人的伤口上撒盐。既伤害了别人，对自己也没有什么好处。

因此提醒你，与人相处，切记不要在失意者面前炫耀你的得意。

如果你正得意，要你不谈论不太容易，哪一个意气风发的人不是如此？所以这种做法也没什么好责怪的。但是谈论你的得意时要看场合和对象，你可以在演说的公开场合谈，对你的员工谈，享受他们投给你的钦慕眼光，就是不要对失意的人谈，因为失意的人最脆弱，也最多心，你的谈论在他听来都充满了讽刺与嘲弄的味道，让失意的人感受到你"看不起"他。当然有些人不在乎，你说你的，他听他的，但这么豪放的人不太多。因此你所谈论的得意，对大部分失意的人是一种伤害，这种滋味也只有尝过的人才知道。

与为人处世一样，说话也要舍方取圆。圆通得体、把握分寸的言谈，才能够让你在社会上左右逢源，成就辉煌的人生。

敢于说"不"，但不要得罪人

许多男人都感叹："'不'其实是最难说出口的一个字。"在社会上混了多年，你在别人看来是风光无限：有事业，有人脉，有权力，上门求助的人必然不少。然而，并不是所有的忙你都帮得到，在该拒绝的时候就不要勉强自己。

一个有点小权力的男人应该注意，因为你有权，亲戚朋友托你办事儿的人肯定多。这时你应该讲点策略，不能轻易答应别人。有的朋友托你办的事儿可能不符合政策，这样的事最好不要许诺，而是当面跟朋友解释清楚，不要给朋友留下什么念头，不然，朋友会认为你不给他办事儿；有的朋友找你办的事儿可能不违反政策，但确有难度，就跟朋友说明，这事难度很大，我只能试试，办成办不成很难说，你也不要抱太大希望，这样做是给自己留有余地，万一办不成，也会有个交待。

当然，对于那些举手之劳的事情，还是答应朋友去办，但答应之后，无论如何也要去办好，不可今天答应了，明天就忘了，待朋友找你时，你会很不好看。

我们在这里强调不要轻率地对朋友做出许诺，并不是一概不许诺，而是要三思而后行。尽量不说"这事没问题，包在我身上了"之类的话，给自己留一点余地。顺口的承诺，只是一条会勒紧自己脖子的绳索。

对待朋友的要求，要注意分析，不能一概满足。因为不分青红皂白一概满足，有可能引火烧身。因此，必须搞清楚朋友的要求是正当的，还是不正当的，是不是符合原则或规范。千万不能碍于情面，有求必应，有求必办。

然而，拒绝朋友一定要讲究艺术，如果你的拒绝方式不恰当就很可能会使对方心生不满，以致影响彼此的交往，更有可能导致关系亲密的朋友形同陌路。那么，拒绝别人有哪些方法呢？

（1）坦言相告

对于有些过分或无理的要求，当自己不能给予对方满足时，我们必须坦言相告，如果遮遮掩掩、拖拖拉拉，反倒令对方心生反感而产生不满情绪。

李新是某电视台广告部的业务员，她的舅舅开了一家经销保健食品的公司。一天舅舅找到李新，让李新在负责的节目段给公司的产品做一下广告，广告费用以产品的形式付酬。李新非常清楚，这种做法违反台里的广告播出规定，于是李新直截了当地对舅舅说："这不行，不付广告费是不能做广告的。台里有明文规定，我没有这么大权力。"李新的舅舅知道了这是台里的规定，也非常理解。

（2）陈明利害

在遇到亲属朋友托办的事而无法办到的时候，要讲清道理，陈明利害关系，明确加以拒绝。这样，朋友会理解你，而你只要讲清自己的原则，大家以后也不会"麻烦"你了。

小林的伯父是一家石油大厂的厂长。小林同朋友一起合开了一家加油站，想让伯父给批点"等外品"，这样可降低成本。伯父诚恳地对小林说："我是厂长，的确，我有这个权力。但是，我不能为你说这个话，这是几千人的厂子，不是我厂长一个人的。我只有经营权力，没有走后门的权力。你是我的侄子，你也不愿意看到我犯错误，而让大家指指点点吧？生活有什么困难，我可以帮助你，这个要求我不能答应，违反原则的事我从来不做。"

小林听了伯父的话，什么说的也没有了，从此他再也不向伯父提类似的要求了。

（3）托他人之口

当别人有求于你，你当前还难以回绝或由自己来说不妥时，便可托他人之口，请一个与双方关系较好的第三者代劳。

（4）另指它路

面对朋友所求感到力不从心或主观不愿意相帮而想要拒绝时，你可以不表示自己能否帮忙，而是为其介绍另外几种解决问题的途径，并表明这比自己帮助要好得多。

老李听说一家公司需要一名从事文秘工作的大学生，想让自己的女儿去那里工作，可女儿是大专毕业，这家公司要求本科学历。恰巧老李听说这家公司的经理与同科室的小张是同学，于是请小张从中帮忙。小张怕落下埋怨，不想帮忙，但又考虑到老李的面子，于是对老李说："咱们科的小姜跟那个经理最好，上学时形影不离，你找他帮忙，这事准成。"看小张这么一说，不但回绝了老李的请

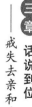

求，还为老李指出一条"捷径"，让老李好一番感动。

（5）假托直言

直言是对人信任的表现，也是与对方关系密切的标志。但是，有时直言可能逆耳，不能收到预期的效果。在这种情况下，要拒绝、制止或反对对方的某些要求、行为时，可采取假托由于非个人的原因作为借口，而加以拒绝，这样对方就容易接受。

某报社的推销员登门要求你订阅他们发行的报纸，可你不想订阅。你可以很有礼貌地说："谢谢。你们的服务很周到，可是我家已经订阅了其他几家报社的报纸了，请谅解。"

（6）书信传意

对生活中一些较为敏感的问题，如别人的求爱，恋人间提出的某些要求，朋友、亲属向你借钱借物等等，如果你觉得当面回绝有点无法开口，则可以借助婉转的文字来表达自己的意思，取得对方的谅解。

（7）敷衍含糊

敷衍是在不便明言回绝的情况下，含糊回避请托人，这种方法运用得当会取得良好效果。

有一次庄子向监河侯借贷，监河侯敷衍他，说道："好！再过一段时间，等我去收租，收齐了，就借你三百两金子。"监河侯不说不借，也不马上就借，而是说过一段收租后再借。这话含有多层意思：一是目前没有，现在不能借；二是我也不富有；三是过一段时间不是确指，到时借不借再说。庄子听后已经很明白了，但他不怨恨什么，因为监河侯并没有说不借给他，只是过一段时间再说而已，给了他希望。

（8）转移话题

当对方提出某项事情的请求，你不能满足，这时你可以有意识地回避，把话题引到其他事情上。这样，既不使对方感到难堪，又可逐步减弱对方的企求心理，对方通过你的谈话，感觉到你是在拒绝，这样就达到了你的目的。

总之，拒绝的方法有很多种，但我们必须委婉地予以回绝，以免不必要地开罪于人。

总之，该说"不"时就一定要大胆说出来，但你应该想办法尽量降低拒绝给别人带来的伤害。只要你选用的方法适当，就一定能达到既拒绝了请求又不得罪人的效果。

别让赞扬跑了调

把握称赞的要诀，就需要掌握称赞的度，绝不可夸大其词，只有这样才能赢得别人的信任和好感。

美国前国务卿基辛格是个擅长称赞的外交谈判高手，他说："你必须十分敏锐，因为大部分国家领导人都是非常敏锐的，他们不容易被人操纵，却能操纵别人。你得运用你的智慧，去对付一个高智慧的人，还要使他马上感到你的诚意和认真，最后，必须增加他的信心。"因此，在基辛格眼里，所谓称赞是使别人相信他能解决问题的一种方法。

当我们想邀请女性约会时，可以适当地称赞她："小姐，你的身段很美，公司里有很多女职员，但我认为你的工作能力比她们都强，如果我能跟你这样漂亮能干的小姐做朋友，真是我无上的荣幸！"也许当时并没有征得她的同意，但有一点可以肯定，这位小姐的内心里肯定洋溢着喜悦之情，并且会拥有一天的好心情，如果再适当地努力几次，肯定会成功。

称赞也可用间接的方式进行，比如："我听×××说，你这个人人缘好，爱交际，别人都喜欢你，我们做个朋友吧！"这种方式往往效果很好。

俗话说：对症下药，量体裁衣。称赞也要"因人而异"，对于商业人员，如果说他学问好、品德高、博闻强记、清廉高洁，他不一定高兴；而如果说他才能出众、手腕灵活，现在满面红光、印堂发亮，发财在即，他一定会很高兴。对于政府官员，称赞他生财有道、定发大财，他可能会恨你一辈子，这时应该说他为国为民、淡泊名利、清廉公正。对于教授、教师，说他为人师表、学问渊博、思想深远、妙笔生花，他听了肯定会高兴。

对什么样的人，说什么样的称赞话。有道是："上山打柴，过河脱鞋"，不要弄得"牛头不对马嘴"，免得好意称赞人家一番，人家还觉得你是"乱弹琴"。

称赞别人要恰如其分，过分地称赞，会给人一种奉承的感觉。此外，称赞要以平常的口气说出来。假如称赞别人时自己都觉得煽情，那还不如不说为好。善于编织人际关系网的人能成大事的特质表现为：懂得适当地赞美，从赞美中获得他人的最佳认同。

第四章
礼仪优雅——戒接待人物耍诡计

　　魅力不像容貌是与生俱来的，而是完完全全靠后天的修养凝聚而成。优雅的魅力男人要靠什么来培养和塑造呢？毫无疑问，正是礼仪。通过学习礼仪，优雅就会在你的心中生根发芽，开出魅力之花。而要做到礼仪优雅，男人就要在接待人物时戒除阴谋诡计，要心胸坦荡。

别轻视"门面功夫"

对男人来说，在社交活动中练好"门面功夫"是非常重要的。"门面功夫"也就是我们常说的社交礼仪，它在社交活动中往往起着举足轻重的作用，不仅反映了一个人的综合修养，也关系到良好形象的树立和社交活动的顺利进行。

那么常用的社交礼仪包括哪些方面呢？

第一，称呼。

在社交场合，对人的称呼是很有讲究的。对关系一般的同事，人们习惯称呼他们的全名，而对比较亲近和熟悉的亲戚朋友，则习惯将他的姓省掉，只呼其名或昵称，这样容易拉近彼此间的距离，有利于感情交流。但在以下三种情况下，应避免直呼其名，以免引起他人的不快：一、当你向第三者介绍他人时，最好还是称呼他的姓加小姐、先生或职称，全名留待他人自我介绍；二、对年纪比自己大得多的长者应视对方的身份称呼，如是自己认识的，一般按叔、爷、婆、姨等辈分称呼；如是自己不认识的，可使用一般尊称，如"老先生"、"老师傅"等；三、对于自己的领导上司，最好是在其姓后加上职称，但注意不要玩弄职称游戏，如将行政单位的"书记"改称为"老板"，这样，不但会引起领导的反感，而且破坏单位的形象，影响荣誉。

另外值得注意的是，如果你不了解一位女性的婚姻状况，最好称呼她女士，千万不要凭直觉用事。例如，一位商场营业员，在看到一位较显老的女顾客后，很热情地问道："夫人，你想买点什么？"可是，她这一声自以为很有礼貌的称呼却惹恼了对方，因为这位女顾客并没有结婚，实际上，她还是一位"小姐"。

第二，握手。

握手是当今社会一种常见的问候方式，但这种看上去很普通的事，做起来却很有讲究，而一些人对此却不加注意，他们或不住地和别人握手，或握手时左顾右盼，或者轻轻一碰，或又大幅度地上下摇动。这些都是很不礼貌的行为，易引起对方的反感。

正确的握手姿势是：站起来，略斜向下伸出右手，身体略微前倾，眼睛平视，适度用力握住对方的手（不能有气无力，也不能过分用力，轻度摇动两下），同时微笑点头示意。如果对方是年长或身份高的人，应该先向他致问候，待对方伸出手来再握。

握手时要注意对方的身份。如果对方是个女士，那么男士往往只轻轻地握一下其指部分即可，切勿同时用两只手去握。这种"三明治"式的握手，对女士是绝不允许的。这样不仅使女士难为情，而且显得男性轻浮、无教养、不庄重。另外，男士还应注意，不要戴着手套和别人握手。

现代社交礼仪已广泛地深入到我们的生活中，以上介绍的只是其中很基本的常识。社交功夫不是一朝一夕就能练好的，它要求我们平时注意观察、学习，并不断地加强自身修养。只有这样，才能在社交时展示一个彬彬有礼的你，开启成功之门。

第三，善用谢谢。

感谢起着调节双方距离的作用。但有时，感谢也起着拉大距离的特殊作用，例如在一些社交场合中有意使用一些彬彬有礼的感谢语，来显示自己对恋人、亲人、密友的冷淡态度，拉大双方的心理距离。

在人际交往中，"谢谢"并非在任何场合都可以随便使用的。要运用好"谢谢"这种交际礼节，就应注意以下几点：

第一，"谢谢"不要说得太多，客气话的过剩足以损害气氛。比如你到朋友家去。一进门，朋友递过一双拖鞋，你忙说"谢谢"；朋友请你落座，你又说声"谢谢"；朋友递过一杯茶，你仍没有忘记说声"谢谢"。这在朋友之间便是大可不必了，因为这里的"谢谢"已显得多余，在朋友之间会生出生分感，在外人看来，又近于虚伪了。

第二，说"谢谢"也要适度，有一定的分寸感。有人替你做了一点小小的事情，也许只是举手之劳，比如你提着水壶，他帮你拉开了门，这时你只说声"谢谢"就够了。如果连连："谢谢、谢谢、太对不起了，如此劳烦，实在过意不去，太过意不去……"就显得太过分了，听的人也难以受用，因为他实在没有什么让你"过意不去"的地方。

第三，说"谢谢"的时候，要声情并茂。如果冷冰地道声"谢谢"，那就变成嘲讽或轻蔑了；如果是平平淡淡地说声"谢谢"，也会让人觉得你的感谢言不由衷，像例行公事似的，别人会想，你不想谢就别谢算了，何必勉强呢？只有发自内心的"谢谢"，才能使人听来感到自然、亲切。

第四，说"谢谢"的时候，一定要注意场合。你与对方单独在一起时，对他（她）表示感谢，一般会有好效果；如果面对的是一群人，千万不要单独挑出一个人表示感谢，那么就有可能冷落别人，也会使被感谢的人难堪。

第五，说"谢谢"的时候，要针对交际对象的不同心理需求。有的人希望你对他的言行本身表示感谢，有的人希望你对他的言行动机或效果进行感谢，有的人则希望你对他这个人进行感谢。因此，感谢者就应首先满足这种心理需求。特别是小伙子对姑娘表示感谢，更要对"感谢动机"这一行动采取慎重的态度。比如你说："谢谢你，想不到你一直在想着我。"这话就很容易造成误解，还不如只对对方行为本身进行感谢。

外在形象是内在素质的体现，一个不注重社交礼仪的人，很难让人相信他（她）会有多么好的涵养，这样在与人交往之前也就先丢了印象分。

别把称呼当小事

与人谈话，称呼是必不可少的。在社交中，人们对称呼是否恰当十分敏感，尤其是初次交往，称呼往往影响交际的效果，有时因称呼不当会使交际双方发生感情上的障碍。不同时代、不同国家、不同地区、不同社会团体之间都有不同的称呼，但也有共同的称呼，如太太、小姐、女士、先生等。

有时候，称呼别人不是为了满足自己，而是为了满足别人。比如遇到一位新近被提升为主任的朋友，就应先跟他打招呼："主任，真想不到能在这儿见到你。"当他听到你跟他打招呼后，会显得格外高兴。即使平时他是个不太健谈的人，也一定会显得很健谈。

当瑞典国王卡尔·哥史塔福访问旧金山时，一位记者问国王希望自己怎么被人称呼。他答道："你可以称呼我为国王陛下。"这是一个简单明了的回答。

最重要的是，不论我们如何称呼他人，其中最主要的是要传达这样的意思："你很重要"，"你很好"，"我对你很重视"。

使用称呼还要注意主次关系及年龄特点。如果对多人称呼，应以先长后幼、先上后下、先疏后亲的顺序为宜。如在宴请宾客时，一般以先董事长及夫人，后随员的顺序为宜。在一般接待中要按女士们、先生们、朋友们的顺序称呼。使用称呼时还要考虑到心理因素。如对 30 多岁还没有结婚的人，就称其为"老张"或"老李"，很可能会引起他的不快。对没有结婚的女性称"太太""夫人"，她一定会很反感，但对已婚的年轻女性称"小姐"，她一定会很高兴。

除此之外，称呼应该根据社会习惯来进行。称呼一般分为职务称、姓名称、职业称、一般称、代词称、年龄称等。职务称，如董事长、经理、科长等；姓名称，一般以姓或姓名加同志、先生、女士、小姐；职业称，是以职业为特征的称呼，如医生、律师、法官等；一般称，如太太、女士、小姐、先生、同志、师傅等；代词称，用代词"您""你们"等来代替其他称呼；年龄称，主要是以亲属名词大爷、大妈、伯伯、叔叔、阿姨等来相称。

有的人可能会说，如何称呼是无所谓的事情，一带而过，谁会在意。事实果真如此吗？且别说外交或重大的社交场合，即使在日常的迎来送往中，不称呼或称呼不当都会引起别人的不快，甚至会造成感情上的隔膜，有心人不能不对此有所警觉。

在职场上，最好不要直呼其名，也不要过分亲昵，更不要称呼其绰号，时刻以尊重为守则。称呼礼节是一个人修养、智商的综合表现，有些人莫名其妙地断送前程，追究起来可能就是在称呼上栽了跟头，吃了大亏。

日常打招呼的话不能省

过去，人们见了面无论何时何地，第一句问话就是"吃了吗"，如今在城市里是越来越少见了。第一个指出其不合理之处的，大概是语言大师侯宝林。他在相声里说了一个欲进厕所的人问刚出厕所的人"吃了吗"的笑料，说明千篇一律地以"吃了吗"为招呼语的可笑。汉语的丰富性是世人皆知的，为什么过去长期以来人们只以"吃"为话题打招呼，确实令人费解。当年老舍先生也注意到了这个现象，他的解释好像是说，广大下层民众生活贫困，每日里忙忙碌碌不过为混饱肚子而已，于是"吃"成了天下第一要义，所以见了面第一句话就是"吃"。如果这种解释有道理的话，那么如今已经达到"温饱"了，为什么还总是一见面就问"吃了吗"。

本质上，招呼语是一种独特的语言表达方式，它的意义只在于说话本身而不在乎说的是什么话，美国人的"嗨——"最能说明这个问题。我国传统的招呼语除了吃的话题外，常用的还有天气如何、工作忙否、身体状况之类。比如甲乙两人见了面，甲："今儿天气不错!"乙："可不是，天气挺好!"然后各奔东西；或者，甲："最近忙吧?"乙："还可以，凑合吧!"或者，甲："近来身体可好?"乙："还行，没病没灾的。"

总之，人们在这里绝不是谈吃饭、谈天气、谈工作、谈身体，只要是说了话，便已达到目的。什么目的呢？礼节的目的，表明承认对方的存在。当然不一定都是用语言打招呼，一个眼神、一个手势，或者点一下头、微笑一下，都可以达到这个目的。现在的问题是我们既然知道了这个礼节的必要性，就要设法把它运用得更好些，以利于我们的人际交往。

招呼用语言表示的是打招呼人与被打招呼人之间的一种交往关系。如果遇到熟人打招呼或别人跟你打招呼，你装作没看见是很不礼貌的行为。因此，男人与人见面时一定要注意互打招呼。

别忽略了电话形象

人们在交往中特别重视自己给别人的"第一印象"，给人的第一印象好，大家打起交道来心情愉快，事情也会办得更顺利。

你是否注意到，你给别人的第一印象，往往在你们见面之前就已经存在了。因为出于礼貌，人们在见面前经常会通过电话约定见面的时间、地点等细节，所以你的第一印象已经通过你的声音传给对方了，可以说你的电话形象是你给对方的第一张"名片"。

电话形象是人们在使用电话时的种种外在表现，是个人形象的重要组成部分。人们常说"闻其声，如见其人"，说的就是声音在交流中所起的重要作用。通话时的表现是一个人内在修养的反映，电话交流同样可以给对方和其他在场的人，留下完整深刻的印象。

一般认为，一个人的电话形象如何，主要由他使用电话时的语言、内容、态度、表情、举止等多种因素构成。那么怎样给人一张得体的"声音名片"呢？

无论在哪里，接听电话最重要的是传达信息，所以打电话时要目的明确，不要说无关紧要的内容。语气要热诚、亲切，口音清晰，语速平缓。电话语言要准确、简洁、得体。音调要适中，说话的态度要自然，这点对于男士来说可能不容易做到。

其次就是通话的一些细节问题。

（1）如果主动给对方打电话，要选择好通话时间，不要打扰对方的重要工作或休息。

通话时间的长短要控制好，不要不顾对方的需要，电话聊起来没完。如果对方当时不方便接听电话，要体谅对方，及时收线，等时间合适再联络。

（2）接听电话时注意接听要及时，应对要谦和，语调要清晰明快。

如果对方要留口信，一定问清楚姓名、电话等细节，免得耽误别人的事情，然后及时转达。

第四章　礼仪优雅
——戒接待人物要诡计

接电话最好在铃响三声时接，也应先说"你好"再自报家门，通话结束时不要抢先挂断电话。记录电话内容最好再复述一遍。在办公室手机要使用振动功能，接听电话要避开人群，乘飞机、开汽车、经过加油站、到医院探病人和参加集体活动时，都不得使用手机。

（3）公务电话不宜在对方节假日、休息时间和用餐时打，因私电话最好不要占用对方上班时间。

要长话短说、有备而谈，一次通话不宜超过3分钟。

（4）接打电话一定要注意礼貌。

去话时要首先向接待人问好并自报家门，需要受话人找人要用"请"字并致谢，通话结束时不忘说"再见"并轻挂电话。

声音，是一个男人致命的武器，好好利用，事半功倍。

红酒不是随便喝的

很多男人都喜欢喝红酒，既优雅又不用害怕发胖，所以红酒对于男人来说既是高贵气质的体验，又是滋补身体的佳品。

红酒如何能喝出品位？简单地说，红酒的喝法应该分为四个层次：

眼喝：首先检点一下酒的品质，然后再用深情的目光，欣赏一下那晶莹剔透的芳泽。

手喝：端着高脚杯缓缓地摇晃，让酒与空气接触，散发出扑鼻的香气。

鼻喝：把酒杯移向鼻端轻轻地嗅上一嗅，然后流露出陶醉的赞许的微笑。

口喝：轻轻地啜上一口，然后在口腔内缓缓地转动，回味那风情万种。

一般在餐厅斟酒，都由侍者进行服务。客人自己不必互相倒酒。而在请侍者伺酒时，将酒杯置于自己桌面右侧即可。侍者会站在你右边，当着你的面倒酒。为保有酒香，酒瓶口与酒杯的距离不会太大，所有的红葡萄酒倒酒时瓶口几乎是挨着杯子。侍者为你斟酒时，你不需要注意看杯口以及倒酒的细节等，只需微笑着看着侍者，对他的服务表示首肯即可。

喝红酒时，正确的持杯方法是用手指轻握葡萄酒杯的杯脚，而非杯身，因为这样红酒的酒温才能不受体温的影响而保持冰爽，同时也方便喝酒的人好好欣赏所有酒款，包括红酒的美丽色泽。

敬酒一般要选择在主菜吃完、甜菜未上之间。敬酒时，手指握住杯脚，将杯子高举齐眼，注视对方，并至少要喝一口酒，以示敬意。

红酒可以养颜，小酌也有益身体健康，有助于睡眠。

第四章 礼仪优雅
——戒接待人物耍诡计

"敬酒"与"拒酒"都有说道

在社交场合里，"敬酒"与"拒酒"是你必做的事，所以在这两方面一定要讲求礼仪，做到既大方得体，又灵活机智。

敬酒一般是在正式宴会上，由男主人向来宾提议，提出某个事由而饮酒。在饮酒时，通常要讲一些祝愿、祝福的话，甚至主人和主宾还要发表一篇专门的祝酒词。

在饮酒特别是祝酒、敬酒时进行干杯，需要有人率先提议，可以是主人、主宾，也可以是在场的人。提议干杯时，应起身站立，右手端起酒杯，或者用右手拿起酒杯后，再以左手托扶杯底，面带微笑，目视其他特别是自己的祝酒对象，嘴里同时说着祝福的话。

有人提议干杯后，要手拿酒杯起身站立。即使是滴酒不沾，也要拿起杯子做做样子。将酒杯举到眼睛高度，说完"干杯"后，将酒一饮而尽或喝适量。然后，还要手拿酒杯与提议者对视一下，这个过程就算结束。

在中餐里，干杯前，可以象征性地和对方碰一下酒杯；碰杯的时候，应该让自己的酒杯低于对方的酒杯，表示你对对方的尊敬。用酒杯杯底轻碰桌面，也可以表示和对方碰杯。当你离对方比较远时，完全可以用这种方式代劳。如果主人亲自敬酒干杯后，要求回敬主人和他再干一杯。

一般情况下，敬酒应以年龄大小、职位高低、宾主身份为先后顺序，一定要充分考虑好敬酒的顺序，分明主次。即使和不熟悉的人在一起喝酒，也要先打听一下身份或是留意别人对他的称呼，避免出现尴尬或伤感情。如果你有求于席上的某位客人，对他自然要倍加恭敬。但如果在场有更高身份或年长的人，也要先给尊长者敬酒，不然会使大家很难为情。

如果因为生活习惯或健康等原因不适合饮酒，也可以委托亲友、部下、晚辈代喝或者以饮料、茶水代替。作为敬酒人，应充分体谅对方，在对方请人代酒或用饮料代替时，不要非让对方喝酒不可，也不应该好奇地"打破砂锅问到底"。要知道，别人没主动说明原因就表示对方认为这是他的隐私。

在西餐里，祝酒干杯只用香槟酒，并且不能越过身边的人而和其他人祝酒干杯。

有些男人的酒量实在是差得很，所以如何拒酒便成了他的难题了。拒绝他人敬酒通常有三种方法：

第一种方法是主动要一些非酒类的饮料，并说明自己不饮酒的原因。

第二种方法是让对方在自己面前的杯子里稍许斟一些酒，然后轻轻以手推开酒瓶。按照礼节，杯子里的酒是可以不喝的。

第三种方法是当敬酒者向自己的酒杯里斟酒时，用手轻轻敲击酒杯的边缘，这种做法的含义就是"我不喝酒，谢谢。"

当主人或朋友们向自己热情地敬酒时，不要东躲西藏，更不要把酒杯翻过来，或将他人所敬的酒悄悄倒在地上。

拒绝也要讲究技巧，既不会让人觉得难堪又挽救了自己的面子。

第四章　礼仪优雅——戒接待人物要诡计

过当地赞美与感谢都不可取

称赞与感谢都是社交场合中最重要的调合剂，适时地赞美与由衷地感谢都能令对方增加好感，从而更深入地完成进一步地交流。

称赞别人固然重要，但也要讲适度原则，也要有所忌讳。

例如赞美对方："您今天穿的这件衣服，比前天穿的那件衣服好看多了"，或是"去年您拍的那张照片，看上去您多年轻呀！"，都是用"词"不当的典型例子。前者有可能被理解为指责对方"前天穿的那件衣服"太差劲，不会穿衣服；后者则有可能被理解为是在向对方暗示：您老得真快！您现在看上去可一点儿也不年轻了。您说，讲这种废话是不是还不如免开尊口好呢？

赞美别人一定要有感而发，切忌阿谀奉承。赞美别人的第一要则，就是要实事求是，力戒虚情假意，乱给别人戴高帽子。夸奖一位不到40岁的女士"显得真年轻"，还说得过去；要用它来恭维一位气色不佳的80岁的老太太，就过于做作了。

离开"真诚"二字，赞美将毫无意义。一位西方学者曾经说过：面对一位真正美丽的姑娘，才能夸她"漂亮"。面对相貌平平的姑娘，称道她"气质甚好"，大方得体，而"很有教养"一类的赞语，则只能用来对长相实在无可称道的姑娘讲。这就是赞美他人的第二要则：因人而异。

男士喜欢别人称道他幽默风趣，很有风度，女士渴望别人注意自己年轻、漂亮。老年人乐于别人欣赏自己知识丰富，身体保养得好。孩子们喜欢别人表扬自己聪明懂事。适当地道出他人内心之中渴望获得的赞赏，适得其所，善莫大焉。这种"理解"最受欢迎。

赞美别人的第三要则就是自然。话要说的理所应当，不露痕迹，不要听起来过于生硬，更不能"一视同仁，千篇一律"。比如，当着一位先生夫人的面，突然对后者来上一句："您很有教养"，会让人摸不清头脑；可要是明明知道这位先生的领带是其夫人"钦定"的，再夸上一句："先生，您这条领带真棒！"那就会产生截然不同的"收益"。

别看"谢谢！"只有两个字，但如运用得当，它的魅力可是无穷的。

在社交场合中，对他人给予自己的关心、照顾、支持、喜欢、帮助，表示必要的感谢，不仅是一名商界人士应当具备的教养，而且也是对对方为自己而"付出"的最直接的肯定。这种做法，不是虚情假意，可有可无的，而是必需的。在这方面，"讷于言而敏于行"，弄不好会导致交往对象的伤感、失望和深深的抱怨。

感谢其实也是一种赞美！运用得当，可以表示对他人的恩惠领情不忘，知恩图报，而不是忘恩负义、过河拆桥之辈。在今后"下一轮"的双边交往中，商界人士必定会因为自己不吝惜这么简短的一句话，而赢得更好的回报。

当然，感谢别人也要分场合，有些应酬性的感谢可当众表达，不过要显示认真而庄重的话，最好"专程而来"，应于他人不在场之

第四章 礼仪优雅——戒接待人物要诡计

际表达此意。

跟赞美一样，感谢也要真心实意。为使被感谢者体验到这一点，务必要做得认真、诚恳、大方。话要说清楚，要直截了当，不要连一个"谢"字都讲得含混不清。

怎样送礼才不会被拒绝

送礼，是人际交往中的一项重要举措。成功的赠送行为，能够恰到好处地向受赠者表达自己友好、敬重或其他某种特殊的情感，并因此让受赠者产生深刻的印象。

中国自古就是礼仪之邦，传统上很注重礼尚往来。"礼尚往来，来而不往，非礼也"，其影响之深远，至今还备受人们的推崇。因此，送礼也就成了最能表情达意的一种沟通方式。送礼受时间、环境、风俗习惯的制约，也因对象、目的而不同。所以，赠送礼品也是一门艺术。

让送礼人最头疼的事，莫过于对方不愿接受或严词拒绝，或婉言推却，或事后回礼，都令送礼者十分尴尬，赔了夫人又折兵，真够惨的。那么，怎样才能防患于未然，"一"送即中呢？关键在于借口找得好不好，送礼的说道圆不圆，你的聪明才智应该多用在这个方面。下面教你几种送礼的小秘诀：

（1）借花献佛

如果你送土特产品，可以说是老家来人捎来的，分一些给对方尝尝鲜，东西不多，自己又没花钱，不是特意买的。请他收下，一般来说受礼者那种因害怕你目的性太强的拒礼心态，就会得到缓和，欣然收下你的礼物。

（2）暗度陈仓

如果你送的是酒一类的东西，不妨假借说是别人送你两瓶酒，你自己又不喝，故而转送于他的，这样理由也充分，更能拉近关系了。

（3）借马引路

有时你想送礼给人而对方却又与你八竿子拉不上关系，你不妨选送礼者的生诞婚日，邀上几位熟人同去送礼祝贺，那样受礼者便不好拒收了，当事后知道这个主意是你出的时，必然会改变对你的看法，借助大家的力量达到送礼联谊的目的，实为上策。

（4）移花接木

张先生有事要托刘先生去办，想送点礼物疏通一下，又怕刘先生拒绝，驳了自己的面子。张先生的太太碰巧与刘先生的女朋友很熟，张先生便用起了夫人外交，让夫人带着礼物去拜访，一举成功，礼也收了，事也办了，两全其美，看来有时直接出击不如迂回行动更能收到奇效，这就是女性在送礼上的优势了。

（5）借鸡生蛋

一个女孩受上司恩惠颇多，一直想回报，但苦无机会，因为上司是个古板的女人。一天，她偶然发现上司红木镜框中镶的字画跟她家里雅致的陈设不太协调，正好，她的叔父是全国小有名气的书法家，自己手头还有他赠送的字画。她马上把字画拿来，主动放到镜框里，上司不但没有反对，反而十分喜爱，送礼的目的也达到了。

以上这些都是商务性的送礼，对于亲密的朋友或亲人之间，则无需那么多忌讳。

有的时候，送礼只是一种需要，慎重是最基本的，而价值的大小并不重要，在新邻居的门口留下一瓶葡萄酒，给报童送上一副露指手套——礼物来自于有心人。

第五章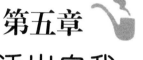
活出自我——戒依赖任何人

　　男人来到这个世界上，首先面临的是生存的问题。如何才能生存得更好，每个男人都想得到满意的答案。最根本的问题就是一切都要靠你自己，你的知识、你的能力和信誉，就是你生存的保证。在不断努力的过程中，你对自己的生存就有了安全感。生存就意味着挑战。在困难面前，只有勇敢面对，没有退路可走。

是男人就不要软弱

"咬定青山不放松，立根原在破岩中；千磨万击还坚劲，任尔东西南北风。"用郑板桥这首诗来形容成功男士的韧劲和毅力，颇为恰当。

相信很多男人都喜欢别人用"百折不挠"来形容自己的毅力，爱迪生所说的"我绝不允许自己有一点灰心丧气"，这就是"百折不挠"精神的一种表现。实际上，许多成功的取得何止"百折"！男人就需要有那种刚强的决心和韧性，这样才能经得起挫折，才能走向成功。正如居里夫人所言："人要有毅力，否则将一事无成。"英国文豪狄更斯也认为："顽强的毅力可以征服世界上任何一座高峰。"

对许多男人来说，如果能像爱迪生那样"不允许自己有一点灰心丧气"，那么也能成为成功者，照样能迈向超级成功。用我国著名排球运动员郎平的话说，就是："要想成功，必须有超人的毅力。"

坚强的毅力要从小开始培养。倘若一个男人从小经受考验，注意培养自己的毅力，那么你可以期望在事业上同样能具备"绝不允许自己有一点灰心丧气"的精神。具体培养方法可以参考以下几点：

（1）"由易到难"。

也就是说，培养和锻炼毅力，最好先从难度小的事做起，以便取得马到成功之效，借此增强决心与信心。革命先烈恽代英说过："立志须用集义的功夫。余意集义者，即在小事中常用奋斗功夫也。……如小处不能胜过，尚望大处胜过，岂非自欺之甚乎？胜过小者，再胜过较大者，再胜过更大者。此所谓集义也。"恽代英所说的"集义"，显然也是指培养和锻炼毅力的意思。

（2）"择难而进"。

一般说来，容易做到的事，对毅力的锻炼总是有限的。所以为了更好地培养和锻炼毅力，一方面需要从小事做起，由完成难度不大的事情起步；另一方面需要逐步提高难度，挑选做一些难度大的事情。《人性的弱点》一书作者卡耐基说："大胆地去做你所怕做的事情，并力争得到一个成功的纪录。""择难而进"得有耐心和恒心，"耐心和恒心总会得到报酬的。"（爱因斯坦语）

（3）"挑战挫折"。

正确对待挫折是培养和锻炼毅力的重要方面。"挑战挫折"要有对困难泰然处之的态度，把困难看作是成功路上谁都难以避免的问题。面对挫折最重要的是头脑冷静，不要因挫折而惊慌失措，更不可灰心丧气。同时要有对困难战而胜之的决心，即下决心与挫折较量一番，看看究竟谁战胜谁。一旦你在"战略"上将挫折视为"纸老虎"，在"战术"上将挫折看作"真老虎"，那你将会发现挫折或困难变得比它们当初出现时要渺小得多！

成功必须要有恒心和毅力，这听起来似乎在说多余的话。然而有许多男人，恰恰没有让这些"多余的话"入耳、入脑，忽视了这类"老生常谈"，到头来一事无成。

医学史上曾有一种叫"606"的药。试验者试验这种药失败过

第五章 活出自我
——戒依赖任何人

605 次，直至第 606 次才获得成功。试想研制这种药的人，只到几次、十几次或几十次，甚至 605 次便没有恒心，那非前功尽弃不可。

百折不回，锲而不舍正是"成在恒"的要求和表现。鲁迅先生早就说过："做一件事，无论大小，倘无恒心，是做不好的。"

"学贵有恒"这一说法，讲的也是恒心的重要性。当然，不光是读书，做任何事情欲成功却无恒心，恐怕难以见成效。一件事只要具备了成功的客观条件，那么其成败得失，与我们做事有无恒心及恒心大小是成正比的。有时候，事难成，可能就难在这个"恒"字上。

美国生物学家吉耶曼、沙得等人，克服了重重困难，顽强地进行下丘脑激素的研究工作。他们需要在实验中一个一个地处理 27 万只羊脑，才能获得 1 毫克"促甲状腺释放因子"的样品。由于他们持之以恒、百折不挠，终于成功地发现了脑激素，共同荣获 1977 年诺贝尔奖。后来，当有人问起："什么叫坚忍不拔？什么叫持之以恒？"吉耶曼和沙得他们回答道："那就是逐个地分析 100 万只羊脑！"

忽冷忽热、时紧时松等，是有些男人在成功征途上常犯的一种毛病。所以请你不要忘记：成在恒，贵在恒，难也在恒。所以，要尽快改掉缺乏恒心的毛病，说不定成功就在此一举！

清代画家郑板桥十分欣赏竹子那种"咬定青山不放松"的顽强意志和对自己的严格要求。抓而不紧，等于不抓。"严"，不仅是严格要求自己，而且要"咬定"不放，一抓到底。有些人追求成功时，往往存在浅尝辄止、虎头蛇尾现象。由于缺乏"严"字当头的作风，所以不会"咬定"成功目标不放。也有少数人在成功之路上刚有点进展，却又兴趣转移他处。出现此种情况还与他们急于求成有关系。古人说："夫君子之所取者远，则必有所待；所就者大，则必有所忍。"其实，从"严"字出发，就应当舍得下工夫，严格要求自己埋头苦干。而这一点又往往是许多渴望成功的朋友忽视的问题。

如今在国外普遍受到重视的"磨难教育"，常常帮助青少年在艰苦环境中去追求成功。

所谓"磨难教育"，就是有意识地在青少年中设置一些困难，故意让他们遭受一点挫折，其目的是让受教育者在与困难或挫折作斗争中经受锻炼。"磨难教育"设置困难或挫折不仅有生活和体能方面的，也有学习、工作乃至心理承受方面的。

其实，很多年轻的男人更应该去接受这种"磨难教育"。因为刚踏入社会，他们要付出比别的年龄段更多的艰辛，也好借此去磨砺他们的意志，培养他们的勇敢、坚强、无畏的心理素质。

不听从命运的摆布

所谓男人，就是不断挑战的人，不断攀登命运险峰的人，有能力改变自己人生的人，有魄力改善自己命运的人！

生命的真正意义在于能做自己想做的事情。如果我们总是被迫去做自己不喜欢的事情，永远不能做自己想做的事情，也就不可能拥有真正幸福的生活。可以肯定，每个男人都可以并且有能力做自己想做的事，想做某种事情的愿望本身就说明你具备相应的才能或潜质。

阿光就是因为没有找到自己喜欢做的工作，在职场混迹了多年仍是成就平平，不过，他最终还是做上了自己喜欢做的事情。

阿光刚去南方的时候，为找工作奔波了好长一段时间，起初他见几个跑业务的同学业绩不俗，赚了不少钱，学中文专业的他便找了家公司做业务员，然而辛辛苦苦跑了几个月，不但没赚到钱，人倒是瘦了十几斤。同学们分析说："你能力不比我们差，但你的性格内向、言语木讷，不善交际，因此不太适合跑业务……"后来阿光见一位在工厂做生产管理的朋友薪水高，待遇好，便动了心，费尽心力谋到了一份生产主管的职位，可是没做多久他就因管理不善而引咎辞职。之后，阿光又做过公司的会计、餐厅经理等职位，终因各种原因被迫离职跳槽。去年底，阿光痛定思痛，吸取了前几次的教训，不再盲目追逐高薪或舒适的职位，而是依据自己的爱好和特长，凭借自己的中文系本科学历和深厚的文字功底，应聘到一家刊物做了文字编辑。这份工作相比以前的职位，虽然薪水不高，工作量也大，但阿光却做得非常开心，工作起来得心应手。几个月下来，他就以自己突出的能力和表现令领导刮目相看，器重有加。

总结自己频繁寻找工作的经验教训，阿光深有体会地说："盲目追逐高薪、舒适的工作，让我吃尽了苦头，走了不少弯路，其实做任何事情都应结合自身条件，依据自己的爱好和特长去选择相应的事来做。"

用广州人的话来说："找工作如找妻子——适合自己的才是最好的！"

实际上，一个男人对待工作的态度，和他本人的性情、做事的才能，都有着密切的关系。一个男人所做的工作，就是他人生的部分表现。而一生的职业，就是他志向的表示、理想的所在。所以，了解一个男人的工作，在一定程度上就是了解了这个男人。

如果一个男人轻视他自己的工作，而且总是无奈地应付了事，那么他绝不会尊重自己。如果一个男人认为他的工作辛苦、烦闷，那么他的工作绝不会做好，这个工作也无法发挥他内在的特长。

在社会上，有许多男人不尊重自己的工作，不把自己的工作看成创造事业的要素、发展人格的工具，而视为衣食住行的供给者，认为工作是生活的代价，是不可避免的劳碌。这是一种错误的观念。

用一种忧郁的心境去体味人生，去看待人生，那人生便会成为一种折磨，一种煎熬。人生总会有许多不如意的地方，我们与其悲观地把人生看成是一场毫无意义的挣扎，不如把它当做一场持久的斗争，是我们追求人生幸福必须经历的一场艰苦卓绝的斗争。在斗争中，我们无疑会经历许多的挫折，许多的失败，许多的失落，但我们必将取得最终的胜利。南非某职业健康协会曾对500多名经理人进行调查，结果发现大多数人都患有不同程度的心理疾病。那些工作非常繁重但却能够坚持"找乐"的人，承受工作压力的耐性和韧性，往往比那些不快乐的同事要强，心理患病的几率也低得多。

男人自始至终都在成长，而成长则是一个不断地绝处逢生和柳暗花明的过程。在这一过程中，快乐便是一种能量，一种奇异的能量。我们获得了这种能量，就能容忍人生的不尽完美，并乐于为改变现状而作出不懈的努力；拥有了快乐的能量，我们便不再惧怕自己的幼稚和肤浅，便有足够的勇气面对接踵而至的挫折和失落。

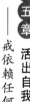

汉德·泰莱是纽约曼哈顿区的一位神父。那天，教区医院里一位病人生命垂危，他被请过去主持临终前的忏悔。他到医院后听到了这样一段话："仁慈的上帝！我喜欢唱歌，音乐是我的生命，我的愿望是唱遍美国。作为一名黑人，我实现了这个愿望，我没有什么要忏悔的。现在我只想说，感谢您，您让我愉快地度过了一生，并让我用歌声养活了我的6个孩子。现在我的生命就要结束了，但我死而无憾。仁慈的神父，现在我只想请您转告我的孩子，让他们做自己喜欢做的事吧，他们的父亲会为他们骄傲的。"

一个流浪歌手，临终时能说出这样的话，让泰莱神父感到非常吃惊，因为这名黑人歌手的所有家当，就是一把吉他。他的工作是每到一处，把头上的帽子放在地上，开始唱歌。40年来，他如痴如醉，用他苍凉的西部歌曲，感染他的听众来换取那份他应得的报酬。

黑人的话让神父又想起5年前他主持过的一次临终忏悔。那是位富翁，住在本区，他的忏悔竟然和这位黑人流浪汉差不多。他对神父说，我喜欢赛车，我从小研究它们、改进它们、经营它们，一辈子都没离开过它们。这种爱好与工作难分、闲暇与兴趣结合的生活，让我非常满意，而且从中还赚了大笔的钱，我没有什么要忏悔的。

白天的经历和对那位富翁的回忆，让泰莱神父陷入思索。当晚，他给报社去了一封信，信里写道："人应该怎样度过自己的一生才不会留下悔恨呢？我想也许做到两条就够了：第一条，做自己喜欢做的事；第二条，想办法从中赚到钱。"

后来，泰莱神父的这两条生活信条，被许多美国人信奉——的确，人生如此，也没什么好后悔的了。

时光荏苒，岁月如梭。我们仿佛没有过多的时间去考虑快乐的问题，我们以为挣钱是快乐的，其实错了。我们一天天地去挣钱，可能挣到了许多钱，我们用它购买房子、车子，用它去购物、去吃喝，但我们却不一定生活得快乐。因为有比挣钱更快乐的事情，那就是去经历、去感受一种丰富的人生，这才是快乐的真谛。

从不听从命运的指使，活着要有自己的想法，这才是真正男儿的表现。

别放弃自己的意愿

走自己路，让别人去说吧！男人就应该有这样的勇气。堂堂男儿，傲然于天地间，任何人都不能阻挠他前进的步伐。

我们知道，生活中并没有两旁摆满玫瑰花、大门上写着"成功"的通道，生活是一种起伏不定的挣扎与奋斗。很多男人都是经过艰苦奋斗，最后终于获得成功的。可贵的是在奋斗过程中，他们都能秉持自己的意愿，坚持走自己的路。

如果今天文明的压力令你感到难过，那么你是摆脱不了这种压力的——至少在一个人口稠密的国家里是办不到的。但是不要因此而感到绝望，因为这并不表示你自己的"疆界"就已经宣告结束，你也用不着把你的疆界缩小。在你心中，也许有些力量正在你内心深处冬眠，等着你在适当的机会发掘及培养。通过这种培养，你可

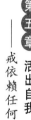

第五章 活出自我
——成依赖任何人

以让自己走到更远的地方。

（1）努力培养自己的特点

在这个世界上，没有两个人是完全相同的。如果你想发展自己的特点，只有靠自己。在这个世界里，"复印本"的人多了，你应该去做自己的"正本"。这并不表示你一定要标新立异，并不是说你一定要留胡子，或站到肥皂盒木箱上发表演讲。

人们很喜欢艾森豪威尔将军的原因之一在于，他是个很单纯的人，绝不矫揉造作。虽然他是世界著名的军事将领，却比普通人更谦虚。他的陆军部属马帝·史耐德在《我的朋友艾克》一书中，提到第二次世界大战结束之后，艾森豪威尔将军去他所开设的餐厅拜访时的情形："艾森豪威尔将军从欧洲回国之后，来到餐馆用餐。我们一起进餐，我告诉他我很希望看到他成为美国总统，并且已经向很多人谈到这件事。他听了之后哈哈大笑。他说：'听我说，马帝，我是军人，我只想安安分分当一名军人。'我说：'将军，我从来没想过要当一名军人，但他们却征召我去当兵。我想到时候，他们也会征召你去竞选总统。'艾克回答说：'我深信不会有这种事。'"

正是艾森豪威尔的纯真和谦虚，使得他一生都备受人们爱戴。

（2）不要人云亦云

在某些地方，我们必须遵守团体规则。如果我们想被这个文明社会当做有用的一分子，就必须这样。但是，在其他地方却可以自由表现我们的特点，从而显得与众不同。现代生活，很容易犯的一项重大错误就是：开始就估计得过高或行动过度。有许多人之所以购买最新型的汽车，是因为他的邻居买了这样一部新车；或是为了相同的原因而搬入某种形式的新屋居住。这种现象极为普遍。

这里我们要说的是，如果你也急着向别人看齐，那你将无法获得快乐的生活，因为你所过的不是你的生活，而是某个人的生活，因此你只是你自己的一部分而已。

（3）训练使你与众不同的方法

当你在一次社交场合发表某种意见，别人却哈哈大笑时，你是否会立刻沉默不语，退缩起来？如果真是这样，那你要把下面所说的这些话当做一顿美餐好好吸收消化，因为它们将赐给你一种神奇的力量，使你在芸芸众生中保持自己的特点。

①承认你有"与众不同"的权利

我们都有这种权利，但许多人却不懂得运用。不要盲从，当你的意见与大部分人不同时，可能有人会批评你，但是一个思想成熟的人是不会因为别人皱眉就感到不安的，也不会为了争取别人的赞许而出卖自己。

②支持你自己

你必须成为自己最要好的朋友。你不能老是依赖他人，即使他是个大好人，他也必定首先照顾自己的利益，而且他内心也一定有些问题困扰他。只有你充分支持自己，并加强你的信心，才能使你在人群中保持独特的风格。

③不要害怕恶人

几乎所有的人都能够正正当当地做事——只要你给他们公平的机会。然而还是有些所谓的"恶人"，有时会用一些不正当的手段争名夺利。这些人利用别人的自卑感，以漂亮的空话治理人群，或恫吓竞争者。你要学习应付讥笑与怒骂，坚守自己的权益，大大方方地表达自己的信仰与感觉。记住，恶人的内心深处其实也很空虚，

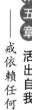

第五章 活出自我
——戒依赖任何人

他的攻击只是防卫性的掩护而已。

④想象你的成就

有时你会觉得心情不好，或者跟某些人相处不来，觉得自己是个失败者。不要沮丧，这种情形任何人都有可能遇到。只要你想象出更快乐的时刻，使你感到更自由、更活泼，那就能够恢复信心。如果你的脑海中无法立即浮现这些情景，请你继续努力，因为它是值得你继续努力的。

没有自我的生活是苦不堪言的，没有自我的人生是索然无味的，丧失自我更是悲哀的。要想拥有美好的生活，自己必须自强自立，拥有良好的生存能力。没有生存能力又缺乏自信的人，肯定没有自我。一个人若是失去了自我，就没有了做人的尊严，更不能获得别人的尊重。

男人活着是为了实现自己的价值，按照自己的意愿去活，不去迎合别人的意见。每个人都应该坚持走为自己开辟的道路，不为流言所吓倒，不受他人的观点所牵制。让人人都对自己满意，这是个不切实际、应当放弃的期望。

我们无法改变别人的看法，能改变的仅是我们自己。每个人都有每个人的想法、看法，不可能强求统一。讨好每个人是愚蠢的，也是没有必要的。

男人与其把精力花在一味地去献媚别人、无时无刻地去顺从别人，还不如把主要精力放在踏踏实实做人、兢兢业业做事、刻苦学习上。改变别人不容易，按自己的意愿生活却不难。

靠自己永远不倒

在现实生活中，要想在别人的荫蔽下保持一种完全的独立是很困难的，必须要有一片属于自己的天地。如果你整天躲在别人的屋檐下而叫嚣自立，简直是痴人说梦，最终贻笑大方。

"宁为鸡首，不为牛后。"男人要有属于自己的一片天地，就是自立门户、自做老板的意思，其实这也是一种不甘受制于人的、强烈的自主意识。这种自主意识，体现着一种不肯甘居人后的强烈的进取精神，也是一个男人敢于冒险开拓的超人魄力的具体体现。这种自主意识，也正是一个可能取得巨大成就的商人所必不可少的素质。

红顶商人胡雪岩幼年即入钱庄，从倒便壶提马桶干起，仗着脑袋灵光，没几年就爬到"档手"的位置，相当于现在的银行办事员。少年得志、风流倜傥，日子过起来也好不逍遥自在，然而，青年胡雪岩对于钱财看得开、看得准，逻辑异于常人，胸襟开阔，胆识过人。后来始能发光发热，成就清代第一富商。要是胡雪岩也和其他钱庄档手一般小家子气，恐怕下半辈子只不过是继续在钱庄里，每日围孔方兄打转转罢了。

要求有一片属于自己的天地，正是胡雪岩立足商界，不断地打开市场，最终成为大商贾的内在动力。

胡雪岩父死家贫，自小就到钱庄当学徒，由于他勤快聪明，熬到满师，便成了信和的一名伙计，专理跑街收账。当时不过20来岁的胡雪岩实在是有些胆大妄为，竟然自作主张，挪用钱庄的银子资助潦倒落魄的王有龄进京捐官，不仅使自己在信和的饭碗丢掉了，而且因此一举，还使自己在同行中"坏"了名声，再没有钱庄敢雇用他，终至落魄到为人打零工糊口的地步。

好在天无绝人之路。王有龄得到胡雪岩资助进京捐官，一切顺利。回到杭州，很快便得了浙江海运局坐办的肥缺。王有龄知恩图报，一回到杭州就四下里寻访胡雪岩的下落，即便自己力量有限，也要尽力帮他。

重逢王有龄之后，胡雪岩起码有两个在一般人看来相当不错的选择：一是留在王有龄身边帮王有龄的忙，而且此时的王有龄确实需要帮手，也特别希望胡雪岩能够留在衙门里帮帮自己。依王有龄自己的想法，适当的时候，胡雪岩自己也可以捐个功名，以他的能力，肯定会飞黄腾达的。胡雪岩的另一个选择是，回他做过伙计的信和钱庄，以他此时的条件，回信和必将被重用，实际信和"大伙"张胖子收到王有龄替胡雪岩安排的500两银子之后，已经做好了拉回胡雪岩，让出自己位子的打算。他找到胡雪岩的家里，恳请胡雪岩重回信和，甚至将胡雪岩离开信和期间的薪水都给他带去了。

但是，这两条路胡雪岩都没有走。混迹官场本来就不是胡雪岩的兴趣所在，他当然不会走前一条路，而回到信和，也就是胡雪岩说的"回汤豆腐"，他自然更不会去做。这里其实也不仅仅是"好马不吃回头草"的问题，关键在于，这"回汤豆腐"做得再好也不过做到"大伙"为止，终归不过是个"二老板"，并不能事事由自己做主。

"自己做不得自己的主，算得了什么好汉？"胡雪岩要的就是自己做主，所以他一上手就要开办自己的钱庄。其实，这时的胡雪岩连一两银子的本钱都还没有，他不过是料定王有龄还会外放州县，以他自己的打算，现在有个几千两银子把钱庄的架子撑起来，到时可以代理官库银钱往来，凭他的本事，定能发达。事实的发展正如胡雪岩预想的那样，凭借着王有龄的力量，他终于开创了自己的一片天地。

这就是男人的气魄，一种强烈地要在商场上自立门户，纵横捭阖，开疆拓土，驰骋一方的气魄。这种强烈的自主意识，还是自己按照自己意愿生活的一种信念。

我们经常听到一句话："这个世界上谁也靠不住，甚至是自己的兄弟。"虽然没有那么绝对，但是却告诉男人一个真理：在这个社会中，要有属于自己的东西。靠山山会倒，靠水水会流，只有自己，永远不会背叛自己！

⚡ 戒将命运交给别人把控

聪明的男人不会坐等机会来敲门，而是积极主动地去寻找并抓住它、征服它，让它成为我们的奴仆。只有这样，我们的眼前才会出现一条又一条的光明大道。

在这个竞争日益激烈的社会当中，每一个男人都是捕食者，同时又是其他人的"猎物"。成功是很多男人都在追求与竞争的目标。很多东西当你得到时，别人就会失去，所以为了自身价值的实现，为了成功，你必须要学会"争"，和别人争，也和命运争、和自己争。

有些男人天生就像狼一样具有攻击性和竞争性，他们为了实现目标而积极主动地追求，最终都实现了美好的愿望。相反，有些男人天生就像羊一样软弱，安于现状，不思进取，所以一直处于社会最底层。前者具有"狼性"所以成功，后者具有"羊性"所以失败。

有些男人常常牢骚满腹，怨天尤人：父母为何不是位高权重的政府要员，我为什么没出生在亿万富翁的家里，自己的条件为何不如别人的好，机会为什么总是降临在别人身上……他们对命运总是不满，一味地埋怨与诅咒。

其实，上天对所有的生命都是公平的，倒是某些男人常常自轻自贱，自我蔑视。我们应该明白，虽然无法改变它的本性，自己却可以改变自己的命运。与其像"羊"那样自怨自艾，不如虚心向狼学习自强自立。

成功学大师罗宾说，人生有两种，他们对待机会的态度各不相同。第一种人是像羊一样的弱者，总是等待机会，机会若不降临，他们就觉得寸步难行；第二种人是像狼一样的强者，总是创造机会，即使机会没有来临，也觉得脚下有千万条路可以走。

所以，当觉得自己不够顺利时，弱者总是找借口说"我没有遇到好的机会"，而强者则说"我只不过是暂时没有找到机会"。其实，在整个人生中，时时处处都充满了机会，只不过有些人总是消极等待，借此感叹生不逢时或是怀才不遇。要想获得机会，取得成功，我们必须积极主动地去争取、去创造！

西奥多·帕克是美国历史上颇具影响力的人物，为推动美国社会的发展作出了巨大贡献。在美国，一提起"西奥多·帕克"这个名字，几乎是家喻户晓、妇孺皆知。但鲜为人知的是，他的奋斗历程却比其他人都艰难。

西奥多·帕克是一边做农活，一边自学，最终考上哈佛大学的。由于家庭原因，在念大学的时候，他还得坚持自学。完成学业时，他的成绩却比谁都出色。通过他的奋斗历程可以看出，他能够取得成功的一条重要原因，是因为时刻争取机会。否则的话，他恐怕连书都读不成。

那是 8 月的一个下午。西奥多·帕克与父亲一起在地里做农活。帕克突然说："爸爸，我想在明天参加哈佛大学一年一度的新生入学考试。"帕克的父亲是莱克星顿一位水车木匠，由于家里穷，他供不起儿子读书，为此感到十分惭愧。他知道，儿子虽然没能进学校读书，却一直在自学，而且非常用心，梦想有一天能考入一所名牌大学。他很佩服也非常支持儿子的做法，所以虽然在经济上无法给予援助，还是答应了儿子这个要求。

第二天，帕克起得很早，风尘仆仆地走了 10 英里路，赶到了哈佛学院。一路走来，他回想着从小到大的读书经历。从 8 岁那年开始，就失去了上学的机会，因为家里穷。但是，他想方设法赚钱买书，或借小伙伴的书抓紧时间攻读。

他惜时如金，做活儿、走路，甚至睡觉的时候，都一遍又一遍地在脑海里回忆和背诵学过的知识。最后，学过的所有知识都被他背得滚瓜烂熟，同时也十分透彻地理解了它们。

有一次，他在书店里看到一本好书，非常渴望拥有它。于是在夏天的一个早上，他背着箩筐来到原野里采摘浆果，然后再把这些浆果送到波士顿去卖，最终用换来的钱实现了一个小小的愿望。

想到这些，帕克告诉自己：这次考试，只许成功，不准失败！等到揭榜那天，他果然金榜题名。那天回家，帕克把好消息告诉了父亲。"我的孩子，你真是好样的。"木匠夸奖道，"可是，我没有钱供你到哈佛读书啊！"帕克笑着说："爸爸，您不用担心。我不会搬到学校去住，只要利用家里的空闲时间来自学就够了。只要通过考试，我同样能拿到一张学位证书。那样，什么都好办了。"

后来，帕克成功地做到了这一点，以优异的成绩回报了自己和支持他的亲人。

时光飞逝，当年读不起书的那个小男孩后来成为了一代风云人物。作为著名的废奴运动倡导者和社会改革家，作为国务卿西沃德、首席大法官莱斯、著名参议员萨姆纳、哈里森总统、著名教育家贺拉斯·曼、废奴协会主席温德尔·菲利普斯等人的密友和事业顾问，西奥多·帕克对整个美国的影响是不可估量的。

西奥多·帕克虽然家境贫寒、出身卑微，但他时刻不忘努力学习、开拓进取，利用一切机会进行创造，因此，他最终踏上了成功之路！对于出生在当今时代，家庭环境无比优越的我们来说，又作何感想呢？努力拼搏吧，具备优越的条件并不是最大的优势，只有艰苦奋斗，努力争当生活的强者，我们才能有所建树，取得成功！

男人的一生是奋斗的一生，如果失去了奋斗，生命就失去了意义，人生也缺少了激情。古语有云："若非一番寒彻骨，哪得梅花扑鼻香。"也就是说，不经一番傲霜立雪的搏斗，就无法开出娇艳的花朵。同样的道理，一个男人只有不惧挑战，勇于奋斗，才能开辟独具特色的道路，走向成功的殿堂！

不要被生活的挑战吓倒

在通往成功的路上，一个困难就是一次挑战。如果你不是被吓倒，而是奋力一搏，也许对手都能成为你成功的阶梯，也许你会因此而创造超越自我的奇迹。

面对生活带来的苦难，屈服于命运，自卑于命运，并企图以此博取别人的同情，这样的男人永远只能躺在自己的不幸上哀鸣。靠自己的勇敢和坚强一样可以消除困难的阴影，赢得尊重。

每个男人都不可避免地在人生道路上艰难地跋涉着，有失败，也有成功。想战胜失败，首先就不能被失败所吓倒。

男人不敢向高难度的生活挑战，就是对自己潜能的画地为牢。这样只能使自己无限的潜能得不到发挥，白白浪费掉。这时，不管你有多高的才华，工作上也很难有所突破，职场上遭遇挫折更不是什么新鲜事。不得志之余，你万分羡慕那些有卓越表现的同事，羡慕他们深得老板器重，说他们运气好。殊不知，每个人的成功都不是偶然。这就好比禾苗的苗壮成长必须有种子的发芽一样，成功者

第五章 活出自我
——戒依赖任何人

之所以成功，之所以能得到老板的青睐，很大程度上取决于他们勇于挑战困难的努力。

在竞争激烈的职场中，正是秉持这种精神，他们磨砺生存的利器，不断力争上游，脱颖而出。对老板而言，这类员工是他们永远不变的最佳选择。正如一位老板所说："我们所急需的人才，是有奋斗进取精神、勇于向困难挑战的人。"

香港富豪包玉刚生前雄踞"世界船王"宝座，他所创立的"环球航运集团"，在世界各地设有20多家分公司，曾拥有200多艘载重量超过2000万吨的商船队。他拥有的资产达50亿美元，曾位居香港十大财团的第三位。

包玉刚的平地崛起，令世界上许多大企业家为之震惊：一个华人结束了洋人垄断国际航运界的历史。包玉刚以一条旧船起家，经过无数次惊涛骇浪，渡过一个又一个难关，终于建起了自己的王国。回顾一下他成功的道路，他在困难和挑战面前所表现出的坚定信念，对每一个梦想成功的人都是很有启发的。

包玉刚不是航运家，他的父辈也没有从事航运业的。中学毕业后，他当过学徒、伙计，后来又学做生意，30岁时升到了上海工商银行的副经理、副行长，并小有名气。31岁时包玉刚随全家迁到香港，他靠父亲仅有的一点资金，从事进出口贸易，但生意毫无起色。包玉刚拒绝了父亲要他投身房地产的要求，表明了欲从事航运的打算，因为航运竞争激烈，风险极大，亲朋好友纷纷劝阻他，以为他发疯了。

但是包玉刚却信心十足，他看好航运业并非异想天开。他根据在从事进出口贸易时获得的信息，坚信海运将会有很人的发展前途。

经过一番认真分析，他认为香港背靠大陆、通航世界，是商业贸易的集散地，其优越的地理环境有利于从事航运业。37岁时包玉刚正式决心搞海运，他确信自己能在大海上开创一番事业。而他也是香港五大船王中最后一个下水的，但却后来居上。

包玉刚早有独立创业的强烈意识，终于，他抛开了他所熟悉的银行业、进出口贸易，投身于他并不熟悉的航海业，人们对他的讥笑多于嘉许。的确，对于穷得连一条旧船也买不起的外行，谁也不肯轻易把钱借给他，人们根本不信他会成功。他四处告贷，但到处碰壁，尽管钱没借到，但他经营航运的决心却更加强了。后来，在一位朋友的帮助下，他终于贷款买来一条有20年航龄的烧煤旧货船。从此包玉刚就靠这条整修一新的破船扬帆起锚，跻身于航运业了。

包玉刚一条破船闯大海，当年曾引起不少人的嘲弄。但是，包玉刚并不在乎别人的怀疑和嘲笑，他相信自己会成功。他抓住有利时机，正确决策，不断发展壮大自己的事业，终于成为世界上最大的私营船舶所有人。

男人的能力在一般情况下，只发挥了很少一部分，而在超越现实、挑战极限的过程中，几乎会全部发挥出来。就像是一个处于潜伏期的活火山，一旦足够的信念诱使其喷发，必将势不可当，创造出事业和成功的辉煌。

经历了考验才不会惧怕挑战。

汤姆·邓普西是著名的橄榄球运动员。他生下来的时候只有半只左脚和一只畸形的右手，父母从不让他因为自己的残疾而感到不安。结果，他能做到健全男孩所能做的任何事。如果童子军团行军

10 里，汤姆也同样可以走完 10 里。

后来他学踢橄榄球，他发现，自己能把球踢得比在一起玩的男孩子都远。他请人为他专门设计了一只鞋子，参加了踢球测验，并且得到了冲锋队的一份合约。

但是教练却尽量婉转地告诉他，说他"不具备做职业橄榄球员的条件"，暗示他去试试其他的事业。最后他申请加入新奥尔良圣徒球队，并且请求教练给他一次机会。教练虽然心存疑虑，但是看到这个男孩这么自信，对他有了好感，因此就收了他。

两个星期之后，教练对他的好感加深了，因为他在一次友谊赛中踢出了 55 码，并且为本队得了分，而且在那一季中为他的球队挣得了 99 分。

他一生中最伟大的时刻到来了。那天，球场上坐了 6.6 万名球迷。球是在 28 码线上，比赛只剩下了几秒钟。这时球队把球推进到 45 码线上。"邓普西，进场踢球。"教练大声说。

当汤姆进场时，他知道他的队距离得分线有 55 码远，那是由巴第摩尔雄马队毕特·瑞奇踢出来的。球传接得很好，邓普西一脚全力踢在球身上，球笔直在前进。但是踢得够远吗？6.6 万名球迷屏住气观看，球在球门横杆之上几英寸的地方越过，接着终端得分线上的裁判举起了双手，表示得了 3 分，汤姆队以 19 比 17 获胜。球迷狂呼乱叫为踢得最远的一球而兴奋，因为这是只有半只左脚和一只畸形的右手的球员踢出来的！

"真令人难以相信！"有人感叹道，但是邓普西只是微笑。他想起他的父母，他们一直告诉他的是他能做什么，而不是他不能做什么。他之所以能创造这么了不起的纪录，正如他自己说的："他们从来没有告诉我，我有什么不能做的。"

所以，面对生活的挑战，不管是先天的缺陷还是后天的困难，都不要自己怜惜自己，而要咬紧牙关挺住，然后像狮子一样勇猛向前。

其实并不是苦难成就了天才，也不是天才特别热爱苦难。苦难在我们的生活中，任何人都会碰到，只是有的人退缩了，有的人去勇敢的面对。退缩的人就此沉没，克服的人，成了生活的强者。

男人要牢记，在你的心里一定不要有"不可能"三个字。任何的失败，都是生活的挑战，失败并不可怕，它应当成为一种促使自己向上的激励机制，它也是你生活的一种表征，是你勇敢的转化。

不要太过刚强

有志者，事竟成，破釜沉舟，百二秦关终属楚。苦心人，天不负，卧薪尝胆，三千越甲可吞吴。

古来成大事者必是能屈能伸的伟丈夫。在逆境中，困难和压力逼迫身心，"屈"让你留出时间观察和思考，使你在独处的时候找到自己内在的真正世界。"屈"可以委曲求全，保存实力，以等待转机的降临。在顺境中，幸运和环境都对人有利，这时节当懂得一个"伸"字，乘风万里，扶摇直上，以顺势应时更上一层楼。

刚强对一个男人来讲很重要，但同时我们也要知道：至刚则易断。有了困难和挫折宁折不弯是对的，但却不可不问原因一味地刚强到底，要知道刚强者不能持久。况且刚强的人都是心劲足、血性大的，遇到困难耗尽心血，硬撑死撑，直到精血耗尽，无可再撑，一旦折服很难再有重新站起的机会。

柔弱却可得长久，柔者有包容力，海纳百川，就是靠兼收并蓄的力量吞吐含纳。但是如果一味柔弱，就会遭到欺凌。俗话常讲，一个男人要是没刚没火，便不知其可。就是说一个人要是只会软弱，不懂刚强，那么什么事情也做不成。无志空活百岁，柔弱纵能长久，也是白白消耗岁月。

试想，如果当初韩信"宁死不屈"，一气之下，和那些侮辱自己的流氓拼了，一个叱咤风云的大将军，一个"汉初三杰"之一的英雄，恐怕将不会在历史上出现了，只会多一个名不见经传的枉死鬼。当然历史就是历史，没有什么假设，但是历史中的智慧值得我们思索。大丈夫能屈能伸，能刚能柔，就是源于韩信的典故。在常人看来，胯下之辱绝对让人不堪忍受，简直是奇耻大辱，然而韩信爬过去了，而且爬过去以后拍拍身上的尘土扬长而去，这是何等的胸襟和气魄！

宋代苏洵曾经说过："一忍可以制百辱，一静可以制百动。"男人要想成就一番事业，就得忍受常人所不能忍受的耻辱。历史将赋予你重大的任务，你就要做好吃苦受辱的准备，那不仅是命运对你的考验，也是自己对自己的验证。面对耻辱，要冷静地思考，不接受会不会出现生命的劫难，会不会从此一蹶不振、永难再起？如果真存在这种情况，那么就要三思而后行，而不是鲁莽地凭自己的一时意气用事。因为人在遭遇困厄和耻辱的时候，如果自己的力量不足以与彼方抗衡，那么最重要的就是保存实力，而不是拿自己的命运作赌注，做无谓的牺牲。一时意气是莽夫的行为，绝不是成就大事业的人的作为。

人生旅程中的确有很多东西是来之不易的，所以我们不愿意放弃。比如让一个身居高位的人放下自己的身份，忘记自己过去所取得的成就，回到平淡、朴实的生活中去，肯定不是一件容易的事情。但是，"屈"是暂时的，暂时的忍辱负重是为了长久的事业和理想。不能忍一时之屈，就不能使壮志得以实现，使抱负得以施展。"屈"是"伸"的准备和积蓄的阶段，就像运动员跳远一样，屈腿是为了积蓄力量，把全身的力量凝聚到发力点上，然后将身跃起，在空中舒展身体以达到最远的目标。

事实上，我们在日常生活中经常会遇到这类小事，比如你正在冥思苦想一道难题，旁边不远处的人却在不停地说笑，这让你心烦不已；你正卖力地主持单位的一台晚会，话筒却突然没有了声音，台下的观众发出了笑声……一个男人如果不能忍受现实生活中的挫折或不顺，那么就有可能导致工作或事业的彻底失败。

这就是说忍的作用抵得千军万马。诸葛亮对孟获七擒七纵，忍住仇恨，并且是一忍再忍，终于以自己的忍让制服了叛军，保住了国家的安宁与和平。

孟获是三国时蜀国南方少数民族的首领，率众起兵反叛，诸葛亮率兵去平定。当诸葛亮听说孟获不但作战勇敢，而且在南中各个地区的部族人民中很有威望，想到如果把他争取过来，就会使蜀国有一个安定的大后方。于是，下令对孟获只许活捉，不得伤害。当蜀军和孟获的部队初次交锋时，诸葛亮授意蜀军故意退败，引孟获

第五章 活出自我——戒依赖任何人

追赶。孟获仗着人多势众，只顾向前猛冲，结果中了蜀军的埋伏，被打得大败，自己也做了俘虏。当蜀军押着五花大绑的孟获回营时，孟获心知此次必死无疑，便刁钻蛮横，破口大骂。谁知一进蜀军大营，诸葛亮不但立即让人给他松了绑绳，还陪他参观蜀军营寨，好言劝他归降。孟获野性难驯，不但不服气，反而倨傲无礼，说诸葛亮使诈。诸葛亮毫不气恼，放他回去，二人相约再战。

孟获重整旗鼓，又一次气势汹汹地进攻蜀军，结果又被活捉。诸葛亮劝降不成，又一次把孟获送出大营。孟获也是个犟脾气，回去又率人来攻并同时改变进攻策略，或坚守渡口，或退守山地，却怎么也摆脱不了诸葛亮的控制。一次又一次遭擒，一次又一次被放。到了第七次被擒，诸葛亮还要再放，孟获却不肯走了，他流着泪说："丞相对我孟获七擒七纵，可以说是仁至义尽，我打心眼里佩服。从今以后，我决不再有反叛之心。"

自此，蜀国的大后方变得稳定，南方各族人民也得以休养生息，安居乐业。

常言说，事不过三。忍让一次两次都可以，再三再四就有些按捺不住。可是诸葛亮却为了自己后方的稳定而对孟获捉了放，放了捉，耐着性子忍下去，并没有因为孟获的行为而放弃。诸葛亮之所以这样做，就是想以德服人，使孟获心悦诚服，下定决心不再叛乱。这就能够使自己获得一个稳固安定的大后方，使国内人民免于战乱之苦，同时也能逐渐积蓄力量以对付魏、吴的觊觎和侵略。如果诸葛亮对孟获的傲慢失礼和不识时务无法忍耐，抓住之后一刀杀掉，那也就只能出一时之气，反而会激起其他族人的敌忾，竞起效尤，那么他不但会对此疲于应付，而且会因无暇他顾而被曹魏和东吴有机可乘，丢了天下。所以忍与不忍的区别在于：不忍只能发泄眼前怨气，忍却能得到长远的回报。

战国时期，齐国攻打宋国。燕王为表示结盟之意派张魁率领燕国士兵去帮助齐国。齐国却杀死了张魁。燕王听了这个消息，非常气愤，连忙召集文武百官说："我要立即发兵攻打齐国，给张魁报仇。"

大臣凡繇连忙劝谏燕王说："从前以为您是贤德聪明的君主，所以我愿意追随您的左右。现在看来是我错了，所以我希望您允许我弃官归隐，不再做您的臣子。"燕王听了迷惑不解地问道："这是为什么呢？"凡繇回答："松下之乱，我们的先君被俘，您对此痛心疾首，然而您却仍能侍奉齐国，是因为力量不足啊。如今，张魁被杀，您却要带兵攻齐，这是不是把张魁看得比先君还重呢？"接着，凡繇请燕王停止发兵。

燕王说："那我该怎么办呢？"凡繇说："请大王穿上丧服离开宫殿，住在郊外，派遣使节到齐国，以客人的身份去请罪，就说：'这都是我的罪过。大王您是贤德君主，怎么能全部杀死诸侯的使节呢？只有我们燕国的使节被杀死，这是我国选取人不慎啊。希望能够让我的使节来表示请罪。'"燕王听了凡繇的建议，又派了一个使节出使齐国。

使节到达齐国，正逢齐王举行盛大的宴会，参加宴会的近臣、官员、侍从很多。齐王让燕国的使节进来禀报。使节说："燕王非常恐惧，因而特派我来请罪。"齐王甚为得意，又让他再重复一遍，借以向近臣、官员炫耀，而后让燕王搬回王宫居住，以示宽恕燕王。

燕王委曲求全，为攻打齐国创造了时机和条件。接着又在郭槐

第五章 活出自我
——戒依赖任何人

117

等一大批贤才的尽力辅佐下不断积蓄实力，壮大军威，终于在济水之战打败了齐国，雪洗前耻。

当时燕王如果为逞一时之勇，在没有做好充分准备的情况下就去攻打齐国，很可能早就成了刀下之鬼了。

作为男人来说，应该有刚有柔。男人太刚强，不懂得弯曲，遇事就会不顾后果，蛮横鲁莽，这样的人容易遭受挫折。人生苦短，能忍受几多挫折？人太柔弱，遇事就会优柔寡断，坐失良机，这样的人很难成就大事。一味软弱，终究是扶不起的阿斗。

男人就要刚柔并济，能屈能伸。为了自己心中的梦想，从不会动摇。

第六章
责任意识——戒推脱责任

　　责任感是一个男人做好任何一件事都不可或缺的优秀品质，责任意识是一个男人干事创业的坚实基础，甚至是一个集体、一个国家快速发展的原动力。身为男人就要认识自己所扮演的角色，承担责任。这是一种义务，也是一种期许，更是一种能力。

逃脱责任的男人不成熟

男子汉意味着什么？意味着成熟与责任。因为责任，男人才能勇敢；因为责任，男人才能无私；也因为责任，男人才有了不断前进的动力。

面对社会的压力，许多人被压弯了脊背，他们只能书写出一个扭曲的"人"字，而只有敢于承担责任的男人才能够昂首挺胸写下那个顶天立地的"人"字，因为他们懂得，"人"字的结构就是相互支撑，而人的责任感则是人格的基点。

曾经荣获普利策奖的詹姆斯·赖斯顿是在第二次世界大战期间应聘到《纽约时报》的，在此之前，他在伦敦工作了一段时间。他亲历了德国纳粹分子对伦敦进行的狂轰滥炸。孤身一人在战火纷飞的伦敦工作的詹姆斯·赖斯顿非常想念妻子和3岁的儿子。在给儿子的信中，詹姆斯这样写道：

"我周围这些生活在紧张之中的人们，都有了一种更加强烈的责任感。他们更具爱心，做事更多地为他人考虑。与此同时，他们也日益坚强起来。他们在为超越他们自身的理想而作战。我觉得那也是你应该为之而努力的理想。

"我想向你强调的就是，一个人必须承担他应该承担的责任。这场战争爆发于一个不负责任的年代。我们美国人在本世纪第一次大战要结束的时候，并没有承担自己的责任。当这个世界需要我们把理想的种子广为播撒的时候，我们却退却了……

因此，我请求你接受你自己的责任——把美国创建者的梦想变为现实，为着生你养你的这个国家的前途而努力奋斗……简朴人生，勿忘责任。"

詹姆斯告诫儿子，作为国家的一员，他要背负为国家的前途而努力奋斗的责任。

责任能激发人的潜能，也能唤醒人的良知。有了责任，也就有了尊严和使命。

相信你一定知道"国家兴亡，匹夫有责"的道理。不仅如此，在这个社会中，我们每个男人都需要承担那么一点属于自己的责任。正因为有了责任，我们才在人生漫长的旅途中挫而不败，坚强而又倔强地迈过每一道艰难的门槛；也正因为我们坚信责任，才在每一次精彩的收获之后坦然而谦恭，不断地追求着一个个积极的目标。

早在两千多年前，男人就意识到责任心是使一个人由幼稚走向成熟，由平庸走向卓越，由懒散走向严谨，由碌碌无为走向大有可为的重要因素，所以孟子说："天将降大任于是人也，必先苦其心志，劳其筋骨，饿其体肤。"意思是说，当一个人学会承担责任之前，他的身心必定要经过一番艰苦的磨炼。这样，会使他脱胎换骨，使他成为一个精神面貌焕然一新的人。

有一位担任中学班主任的老师，曾经对班上一位一贯顽劣的学生感到头痛不已。虽然多次苦口婆心地教育，总是不见成效。此时，恰逢学校承担了天安门广场前检阅方队的排练任务，学校要求要选派少数最好的学生参加，而这个学生也十分渴望参加。班主任突然灵机一动，将这个学生列入了排练名单，并找他谈话，告诉他其实他并不合格，但老师认为他的身上有巨大的潜力，经过努力一定能够出色地完成这个任务。这个学生感到了老师对他的信任，立刻表示：一定能够承担这一责任。结果在数月的苦练过程中，这个学生表现得极其出色，受到了学校的表扬，后来还担任了班长。

对一个男人来说，失败并不可怕，可怕的是没有责任心，遇到困难竞相推诿。在一个团队中，如果成员都能从大局出发，主动承担责任，就会为领导者创造更多的主动和更大的回旋余地，为解决问题提供更多的机会，进而扭转局面。反之，如果领导班子内部互相拆台，把责任一股脑儿地推到主要领导头上，这就会打击他的威信，也会降低他干工作的信心和决心，结果对所有的人都不利。当大家共同面对失败时，最忌讳的就是有人说："我当时就觉得这事儿肯定要糟。"这样会降低大家对你的友好和信任，因为你不是一个负责任的人。只有认清自己的责任才能知道该如何承担自己的责任，正所谓"责任明确，利益直接"。也只有认清自己的责任，才能知道自己究竟能不能承担责任。因为，并不是所有的责任自己都能承担的，也不会有那么多的责任要你来承担，生活只是把你能够承担的那一部分给你。

因为责任，你将更加成熟。那些愿意承担责任的男人，会给你带来莫大的帮助。

不要让人失去安全感

责任能激发男人的潜能，也能唤醒男人的良知。有了责任，也就有了信任和真诚；有了责任，也就有了尊严和使命。

什么是责任心？责任心就是当一个男人处于某个位置或者承担某种角色时，他必须对相应的后果负责。从这个角度来说，责任是相对于职务而言的。简而言之，一个帝王的责任就是管理好一个国家，一个大臣的责任就是做好职内的工作，一个公民的责任就是遵守他应尽的义务。如果一个男人能对自己的责任义不容辞，那么，我们就可以说他具有较强的责任心。

有这样一个故事：

在火车上，一位孕妇临盆，列车员发出通知，紧急寻找妇产科医生。这时，一位妇女站出来，说她是妇产科的医生。女列车长赶紧将她带进用床单隔开的病房。毛巾、热水、剪刀、钳子什么都到

第六章 责任意识
——戒推脱责任

123

位了，只等最关键时刻的到来。产妇由于难产而非常痛苦地尖叫着。那位自称妇产科医生的女子非常着急，将列车长拉到产房外，告诉列车长她其实只是妇产科的护士，并且由于一次医疗事故已离开医院。今天这个产妇情况不好，人命关天，她自知没有能力处理，建议立即送往医院抢救。

列车行驶在京广线上，距最近的一站还要行驶一个多小时。列车长郑重地对她说："你虽然只是护士，但在这趟列车上，你就是医生，你就是专家，我们相信你。"

列车长的话感染了护士，她准备了一下，走进产房时又问："如果万不得已，是保小孩还是保大人？"

"我们相信你。"

护士明白了，她坚定地走进产房。列车长轻轻地安慰产妇，说现在正由一名专家在给她助产，请产妇安静下来好好配合。出乎意料，那名护士几乎单独完成了她有生以来最为成功的手术，婴儿的啼哭声宣告了母子平安。

因为责任，因为信任，她终于战胜了自我，完成了使命，也找回了自己的信心与尊严。责任是对人生义务的勇敢担当，责任也是对生活的积极接受，责任还是对自己所负使命的忠诚和信守。一个充满责任感的男人，一个勇于承担责任的男人，会因为这份承担而让生命更有分量。

责任让男人坚强，责任让男人勇敢，责任也让男人知道关怀和理解。因为当我们对别人负有责任的同时，别人也在为我们承担责任。清醒地意识到自己的责任，并勇敢地扛起它，无论对于自己还是对于社会都将是问心无愧的。无论你所做的是什么样的工作，只要你能认真地、勇敢地担负起责任，你所做的就是有价值的，你就会获得尊重和敬意。有的责任担当起来很难，有的却很容易，无论难还是易，不在于工作的类别，而在于做事的人。只要你想、你愿意，你就会做得很好。

春秋时代，晋国的君主晋平公问大臣祁黄羊说："南阳现在没有令了，谁可以去担任？"祁黄羊回答说："解狐可以担任。"晋平公说："解狐不是你的仇人吗？"祁黄羊回答："您问的是谁可以担任这个职务，不是问我的仇人是谁啊。"平公说："很好。"于是就任用了解狐。后来，晋国的人们都称赞解狐称职。

过了一段时间，晋平公又问祁黄羊说："晋国没有军尉了，谁能担任这个职务啊？"祁黄羊问答："祁午就可以。"平公说："祁午不是你的儿子吗？"祁黄羊答道："您问的是什么人能担任，不是问我的儿子是谁啊。"平公说："很好。"于是又任用了祁午。晋国人也称赞祁午很称职。

孔子听说这件事情之后，说："太好了！祁黄羊选择人才，推举外人时能不避开自己的仇人，推举自家人时又不避开自己的亲生儿子，可以说是大公无私了。晋国有这样的人才，可以让人放心了。"

在这个世界上，每一个男人都扮演了不同的角色，每一种角色又都承担了不同的责任。从某种程度上说，对角色饰演的最大成功就是对责任的完成。正是责任，让男人在困难时能够坚持，让男人在成功时保持冷静，让男人在绝望时懂得不放弃，因为所有的努力和坚持不仅仅为了自己，还因为别人。

美国社会学家戴维斯说："放弃了自己对社会的责任，就意味着放弃了自身在这个社会中更好生存的机会。"放弃承担责任，或者蔑视自身的责任，这就等于在可以自由通行的路上自设路障，摔跤绊倒的也只能是自己。因成功而致富的价值，在于追求成功的过程中，会学到一些经验和教训。在这个过程中你会了解，只有当你愿意承担重任，而且愿意不断地付出真实价值的财物和劳动时，才会获得成功。

由此看来，责任是一种超越个人恩怨的崇高职责。负有责任的男人应该抛弃个人的恩怨和私利，只有这样的男人，才能给人以信任、安全的感觉。

莫失亲情之乐

生活中有许多不尽如人意之事，每当我们遇到困难时，我们应该知道一份信念，亲情这种持久不变、无条件的关爱，会改变我们生活上的任何困境。

成熟的男人，除了在生意场上运筹帷幄之外，更重要的是懂得享受亲情之乐。他们喜爱自己的孩子，珍爱自己的妻子，孝敬自己的父母。

　　对孩子之爱，更多是一种责任，犹如初泡上的青绿的毛茸茸的茶叶，酽酽的不可复制，最是辛辣甘苦，却最具有挑战；对妻子之爱，犹如清水中渐渐透出的些微绿意，慢慢地洇绿了整杯的水，而那片片茶叶在浸泡后都静静地竖立在杯底，无声无息，却最是纯绵可口。对父母之爱，青涩中有着淡淡的香味，不像茉莉花茶那般芳香四溢，却也回味无穷。男人应该知道，这就是真正的生活啊，如那朴素的亲情，绵长、持久，让人久久地回味。细细品味，那份亲情温馨会不断漫上心头。

　　生活中有许多不尽如人意之事，但是我们应该懂得，无论我们遇到什么困难，我们的亲人就站在我们身后，给我们以最有力的支持。青少年气盛，又不懂亲情关照，遇到困难不知如何是好，不知如何跟父母沟通。结婚了，却不珍爱自己的结发妻子，用事业或者别的女人，将自己曾经对天地发誓的，要好好照顾她一生的女人，拒之门外；有了孩子，却不知道如何关心，却只知道给他足够的零花钱……

　　罗宾以自己的亲身经历讲了一个信封的故事。

　　13 岁那年，跟着家里人刚从佛罗里达州搬到南加州居住。正处于青春叛逆期的罗宾，对父母的教诲常当耳边风。反抗、易怒，对于一切都不在乎。就像许多时下的青少年一样，看一切事物都感到

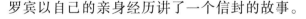

第六章　责任意识
戒推脱责任

不顺眼，都极力反抗、逃避。正是一般所谓的"自以为是"的年轻人，对于所谓的亲情更是不屑一提。事实上，每当有人提到亲情时，罗宾都会生气地反驳他。

有一天晚上，罗宾从外面回家，直接冲进房间，用力关上房门，躺在床上望着天花板，回想着这事事不顺心，样样不如意的一天。伸进枕头底下的手，意外地发现一个信封。拿出信封，上面写着："当你独处时，打开它。"罗宾心想四下无人，没人会知道我是不是读了它，于是就拆开了信封。内容写着："麦克，我了解你对目前的生活感到不顺、挫折。我也知道，作父母亲的我们，不是什么事都是对的。我更清楚，我对你的爱是全心全意的，你所说所做的任何事都不会改变这点。任何时候想找我谈谈，我永远都欢迎你。如果不想，也没关系。只要记得，不论你身在哪里、做什么事，我都永远爱你，更会以拥有你这个儿子而感到骄傲。我的心永远跟着你，永远地爱着你。爱你的妈妈。"

从此以后，这种"当你独处时，打开它"的信，经常在罗宾的生活中出现。直到他长大成人后，才向别人提到这件事。

后来，罗宾在世界各地演讲，帮助世人提高自己，经常提及这封信。一次在佛罗里达沙拉苏他市的演讲结束后，有一位妇人来找罗宾，提到她与儿子间沟通上所遇到的困难。在一起走向海滩的路上，罗宾跟她谈到他的妈妈永恒不变的爱及那个"当你独处时，打开它"的信封。几周后，他收到她的明信片，提到她刚在儿子枕头下留了一封信。

当晚上床时，罗宾将手伸到枕头下。回想起每次在枕头下发现信封时那种舒畅的感觉。在罗宾那段情绪纷扰的岁月里，这些信总能安抚他的心情，让他确信，不论他做了什么事，母亲的关爱是永远不变的。临睡前，他感谢上帝，让他的母亲了解到，正处于青少年叛逆期的他，最需要的是什么。

男人有了亲情之爱才能孕育的信任，是灵魂深处的默契。有信任，才会与亲人休戚与共，一起走过生活的风风雨雨。

阿伟如今已是一位成功的外科医生，和现在的太太结婚 20 年，儿子已入大学。在一次大学的聚会上，重遇初恋情人 Alice。

Alice，当年是众男生的梦中情人，公认的美人儿。就是现在，仍显得漂亮年轻。当初，因为一个误会，再加两人的自尊心特强，就这样分开了。后来，Alice 去了外国，阿伟留在香港。

初恋的夭折，一度令阿伟痛苦不已，几乎垮了。幸亏一位护士同事的关心和鼓励，才使他走出感情低谷，重拾心情，这位女同事就成了他的太太。

不料 20 年后重逢 Alice。

那晚，他们谈了很多，解除了误会，只是，大家都已人到中年！

次日，Alice 打电话邀阿伟去浅水湾酒店烛光晚餐，阿伟问："是不是请我太太一起去？"

Alice 回答："我只想请你一个人，我们已失去太多时光，现在是弥补的时候。"

"对不起，除了公事，晚上我一般不单独外出吃晚饭。"

"你不是怕老婆吧？" Alice 讥讽他。

"我怕老婆！"他直认不讳，"我好怕不自觉地令她不开心。"

几日后，Alice 又特地让速递公司送来一封信，信封上写明要他亲启，并且注明：only for you!

阿伟将信原封退回。

"本来，我会让太太也看这封信的，既然你不希望她看，我也不看了。我已习惯与她分享生活中的一切喜怒哀乐。"

Alice 很不服气。她见过阿伟的太太，已中年发福，且不擅修饰，像个黄脸婆。相反，自己比实际年龄要年轻得多，风韵犹存。

当年阿伟追她追得这样热烈，他不可能对她失去感情的，一定是阿伟的太太凶神恶煞。

她一不做二不休，当下亲身到他诊所去。

"阿伟，你只需讲是或否。你仍对我有感情吗？你还爱我吗？你以前是十分爱我的。"

阿伟只笑笑："爱一个人与恨一个人同样需要精力和能力。感情过去了，应该无爱无恨。古人说，一笑泯恩仇。让已过去的、无法改变的事实影响目前，根本毫无益处。我已将我的全部爱分给我的家人，而且，我已经过了这种玩浪漫感情的年纪了。"

Alice 仍不死心："你真的爱你老婆？还是仅出于一种义务和责任？胜过当年对我那份初恋之情？"

"我是医生。我相信一种科学说法，真正的爱只能维持 10 个月，正好是由胚胎到婴儿哇哇出世所需的时日。这或许要从生物进化的角度来解释，但爱不同爱情。爱，或许只是一种由荷尔蒙分泌而激发出的感情反应，一如我们悲伤会流泪，开心会微笑，是一种很生物式的感情反应。用一个不合适的比喻：雄性动物在追求异性时，毛会特别亮丽，叫声也会特别悦耳。爱，只是一种行为，动物也懂得用舔触等动作表示'爱'，然而，惟有爱情，才是人类独有的能力。一个"情"字，令人类爱的行为，变得成熟、深沉，由一种单一的行为上升为一种情怀。我很怀念我们的初恋，但我更珍惜我和太太的婚姻，珍惜我们一起走过的这段路。"

阿伟的思路非常清晰，不愧为一名医生。他十分明白，当初，在他感情最低谷、最消沉时，是现在的太太给他温暖，唤起他的信心。后来，太太省吃俭用，自己带着儿子独守空巢，支持阿伟出国留学深造。这20年来，是太太伴他走过来的。

太太全心于这个家上，无心顾及自己的仪容、衣着，她将每一分一秒都付出在家人身上。而且，太太属于那种生活低调，安于做男人背后的女人的那种类型。阿伟不想太太为了他而刻意改变自己，做她不喜欢做的事。因为爱她，他也尊重她，由她选择她自己喜欢的生活方式。

"我们互相看着白发开始萌生，皱纹出现，因为这后面包含着许多只有我们两人知道的故事。孩子的出世，我们第一间屋的乔迁，双方父母病故的哀痛，我们升职，她的一次有惊无险的大手术……点点滴滴都写在她和我的皱纹上，也只有她和我才懂得。

第六章 责任意识
——戒推脱责任

"至于你，Alice，我很怀念我们那段花样年华，但我不会用现在幸福充实的家庭生活去交换那段时日的延续，这只有百害而无一益。如果我们都珍惜我们的初恋，珍惜这次难得的 20 年后的重逢，我们就这样互相握手、互道'珍重'吧！"

Alice 听了这番话，默默拥抱了阿伟，转头就走了。

家庭衍生出社会，社会更需要信任。社会与爱本来就若即若离。这爱，需要风雨同舟，坦诚相待；这爱，需要共同努力，无私奉献。

亲情对于男人而言，是一个很温暖的概念，亲情一直在男人的身边，伴随着你成长和成熟。

每当生活中遇到困难时，男人都应该知道，其实，自己的枕头下也有一份宁静的信念。这种持久不变、无条件的关爱，会让你走出生活上的任何困境。

千万不要祈求非分之福

社会上很多中年男人都以能坐享"非分"之福而得意洋洋："家里红旗不倒，外面彩旗飘飘"；"家里有个爱人，外面有个情人"。这才是上等男人的生活。事实上这种"上等男人"的日子并不好过：既担心"前院"爆炸，又害怕"后院"失火。同时，又得背负对情人的责任和对妻子的愧疚，日子过得提心吊胆，一旦事情闹穿帮，不是家庭破裂，就是名誉扫地。

刘某在一家会计师事务所任职，衣着贵气、风度翩翩。别人看他时，眼里总是透着羡慕！事业上一帆风顺，家中还有一位如花美眷，人生至此，夫复何求？其实别看刘某表面风光，他也有一肚子的苦恼：妻子比刘某小 5 岁，年轻漂亮，大学毕业后就嫁给了他，现在在家中做全职太太。妻子没什么不好，但总是把生活重心放在他身上，这让刘某有种被动压抑的感觉。但最近刘某又添了一个烦恼，那就是他的情人佳佳。佳佳是事务所的一名实习生，活泼美丽，尽管知道刘某已经有了妻子、孩子，还是不顾一切地甘心当他的情人。最初的一段日子，刘某过得很甜蜜，但慢慢地麻烦就来了：妻子责怪刘某不回家，佳佳抱怨刘某不陪她；今天妻子要刘某陪她逛街！明天佳佳又要求去吃烛光晚餐……刘某经常是左支右绌，里外不是人！渐渐地，刘某觉得自己过得太累了，对着妻子做贼心虚，既觉得有愧，又害怕被拆穿；和佳佳在一起时，总得小心翼翼地讨好她，没有片刻轻松，何苦来呢？刘某真不知道该怎么办了！

男人刚开始婚外恋时，会觉得一切都显得新鲜刺激，整个人都年轻了 10 岁，好像又重温了过去恋爱的种种：期待电话的心情，怦然心跳的感觉，或是兴奋地想要引吭高歌，或是一股暖流涌过心头。整个人好像活在梦幻中，轻飘飘的。

第六章 责任意识
——戒推脱责任

但很快他就会发现自己如今除了要向妻子尽义务外，也要向情人尽义务。他必须同时满足两个人对他的期望。因此他在两个人之间疲于奔命，没有一点属于自己的时间。刚开始原以为自己找到了一处没有责任，可以自由休憩的"世外桃源"，没想到如今这块乐土也变成有义务、要负责任的负担。

因此当初是抱着要找一处可以不必负责任的爱情，作为暂时栖身之所的动机的男士，到了这个时候开始打退堂鼓了。

刘某决定和佳佳分手，但事情远没有他想象的那么容易——佳佳坚决不肯分手，反而要求刘某和妻子离婚。这可把刘某吓坏了，他怎么能抛妻弃子呢？佳佳干脆地告诉他，如果他再提分手，自己就去找他妻子，把事情捅破。这回刘某可明白什么叫做作茧自缚了，可是这时后悔已经太晚了。3个月后，妻子发现了这件事，她愤怒地找到事务所大闹了一场。"狐狸精"佳佳被解雇，刘某在公司颜面扫地，也只得辞职了。佳佳在跟他要了一笔钱后去了上海，而妻子虽然为了孩子并未与他离婚，但却总是对他冷冰冰的，甜蜜的气氛很难再找回来了。

男人家庭观念很强，但偏又忍不住外界的诱惑，吃着碗里的，看着锅里的，总幻想着"贤妻美妾"的生活。这种想法其实很可笑，前两年那部反映中年人情感的电影《一声叹息》中的那位可怜的丈夫，就是一些人的真实写照。

实际上，对许多男人来说，他们发生外遇，只不过是因为一时心血来潮，这跟他们对妻子的感情毫无关系。路边一朵"野花"正迎风摇曳，他们顺手就"采"了下来，如此而已。他们从没想过要把"野花"栽入盆中，细心培植，野花哪有家花香，他们要的是"野花"一时的鲜艳和美丽。因此，当事情败露，妻子决绝地远去时，外遇男人既痛且悔：为了一夜风流而赔上一个幸福的家庭，实在是得不偿失。

赵明，私营企业老板，已离异一年。赵明原来在一个机关单位上班，后来在妻子的支持下辞职下海，自己当起了老板。在开头的几年，赵明还很能把持得住自己，尽量减少应酬，有空就陪老婆孩子，可是后来赵明结识了一个30多岁的单身女人。那女人既精明又独立，是个不婚主义者，和妻子是完全不同的两个类型。一次，两人一同去杭州开会，也许是因为旅途寂寞，两人发生了不该发生的事。赵明并未在那个女人身上投注什么感情，他觉得这只不过是男欢女爱各取所需。世上没有不透风的墙，敏感的妻子很快就发现了他的不忠。那天他一回家，妻子就把一叠照片摔在他的脸上，冷冷地问了句："家花没有野花香是吗？别着急呀！我现在就给你的'野花'让位！"赵明整个人都呆了，他没有想到妻子竟然会发现这件事，更没想到妻子要为此离婚，他赌咒发誓、百般哀求，但倔强的妻子还是带着孩子离开了他。

这一年来，赵明过得很不好受：他虽然有超大面积的楼房，但却冰冷得像旅馆；他身边有很多女人，但却没人会像前妻那样叮嘱他"开车小心"；没有人会像前妻那样做好可口的家常饭菜，等着他一同分享！一失足成千古恨啊！

第六章 责任意识——戒推脱责任

生活中，很多男人也和赵明一样，他们外遇没任何目的，只不过是因为一时放纵，虽然心里也觉得对妻子有所歉疚，但却不会自责过深。从某种角度讲，这种男人其实是很天真的：他们认为自己对妻子是爱，对情人是性，因此并没有真正对不起妻子，问题不会太严重。而在女人看来身体的不忠就是背叛，没有任何可以原谅的余地。男人的说法只是一种借口。

所以，如果你还不想和妻子离婚的话，就最好别去碰婚外情，这是一颗定时炸弹，说不定什么时候就会"炸"得你妻离子散。

很多中年男人开始婚外情，都是为了寻找一段新鲜的刺激，并不想因此失去好丈夫、好父亲的名誉。但实际上，一旦他们迈出这一步，未来的发展就不是他们能控制的了。即使侥幸能回到妻子的身边，也得永远背负违背家庭道德的罪名。为了一段偷偷摸摸的欢愉，闹成这样值得吗？

第七章
追求适当——戒死要面子活受罪

　　人人都爱面子。"树要皮,人要脸"。自以为自己是个大人物,才会拿着鸡毛当令箭。其实,真正大智若愚、大巧若拙、大音希声的人,是不会老是将面子问题看重而忽视其他重要事的。只有那些惟恐别人瞧不起的,才会端着架子,耀武扬威。所以作为男人,一定要追求适当,千万不要为了面子而活受罪。

做人不能太贪婪

在男人中，有不少人生旅途一帆风顺，断无生计之忧与养家糊口之虑者，仍在喊"活得累"，他们的"累"除了生活节奏的加快，人际关系的复杂外，主观上主要是欲望之累。

有道是"欲壑难填"。大凡说"活得累"者，都与欲望过奢有关。有些人比下有余，却总想着比上不足，于是便生出许多不满足：官不够大，钱不够多，而这些不满足不是转化为积极上进、参与竞争的动力，而是怨天尤人。在这种精神状态的支配下，当然不会"心想事成"、"万事如意"了，于是只有叹息"活得累"了。

我国古代南朝的中书令王僧达，从小聪明伶俐，但却养成了不知检点的毛病。孝武帝即位时，他被提拔为仆射，位居孝武帝的两个心腹大臣之上。王僧达也因此更加自负，以为自己在当朝大臣中，无人能及。他在朝时间不长，就开始觊觎宰相的位置，并时时流露出这一情绪。谁知，事与愿违，就在他踌躇满志之时，却被降职为护军。此时，他并没有醒悟，仍惦记着做官，并多次请求到外地任职。这又惹怒了皇上，他被再次削职。这回，他终于因羞成怒，对朝政看不顺眼，所上奏折，言辞激烈，终于被人诬为串通谋反而被赐死。

王僧达的死，究其原因在于其不知足。因为，按照他的年龄、资历，没几年就升到仆射一职，已属不易了。可他竟想入非非，以为"一人之下，万人之上"的宰相非他莫属了。岂料，事情的发展有许多是不以人的意志为转移的。于是，一个筋斗使他从云雾中翻落了下来，真正遭到了灭顶之灾。可以这样说，是追名逐利的贪心送了王僧达的性命。

财富、地位等并不能给我们带来幸福，幸福之门能否打开，关键要看我们是否拿对了钥匙。

从前，有个非常有钱却很吝啬的贵族，他最高兴的事情就是发财，但是如果让他为别人花一个小钱，他都会非常不高兴。大家都管他叫吝啬鬼。而这个吝啬鬼最发愁的是明天赚不到大钱，最担忧的是子孙将来守不住他的财产。这些忧愁常常搅得他吃不香睡不着。

一天，都城来了一个修道的圣人。很快百姓就传开了：说这个圣人可以满足任何人的任何愿望。贵族一听，高兴坏了，心说一生中的最大愿望就要实现了。他立即来到圣人住的庙里，把自己的愿望告诉圣人。圣人说："你的愿望一定能够实现，不过有一个条件。"贵族吓了一大跳，怀疑圣人是想叫他施舍财物，可他又想，自己的最大愿望就要实现了！管他提什么要求呢！一咬牙说出了平生从来没说过的话："什么条件？圣人啊，请说吧，我一定会照办的。"

圣人说："你家旁边住着一户人家，家中只有母女俩。明天你给她们送一点粮食去。"贵族心想，这比起他要实现的最大愿望，简直算不上什么，于是，高高兴兴地答应了。

他拿着一小袋粮食来到那户人家的时候，那母女俩正快快乐乐地忙着干活。他对母女俩说："请收下这点儿粮食吧，这样你们就有吃的了。"那母亲说："谢谢你，今天我们有粮食吃，我们不要，你拿回去吧！"贵族说："过了今天，还有明天，你们留着明天吃吧！"那母亲却坦然地说："明天的事我们不担心，我们从不为明天的事情发愁，天无绝人之路，老天爷不会让我们饿死的！"说完又埋头干活去了。

听了这话，贵族先是惊愕，接着似乎恍然觉悟。他感到无地自容，赶快离开穷人家，来到圣人那里，非常恭谨地行了个礼，说："圣人啊，我感谢您满足了我的最大愿望，是您给了我幸福的钥匙，说真的，不知足的人在这个世界上是永远不会找到幸福的。"

知足者常乐，不知足者常忧。他要是不知足，就永远不可能获得幸福；他要是知足，幸福就会不请自到。

贵族一直在寻找幸福，他以为幸福的钥匙在圣人手中，没想到这把钥匙竟在穷邻居那里。他从穷邻居的言谈中悟到了幸福的真谛——珍惜所拥有的，不去奢求那些遥不可及的或者本不属于你的东西。

不要看重身外物

身为男人，你应该明白，我们每一个人所拥有的财物，无论是房子、车子、票子等，不管是有形的，还是无形的，没有一样是属于你的，那些东西不过是暂时寄托于你，有的让你暂时使用，有的让你暂时保管而已，到了最后，物归何主，都未可知。所以，何必为身外之物太过费心呢？

现代人越来越重视对金钱、权势的追求和对物质的占有，殊不知，金钱和权力固然可以换取许多享受，但却不一定能获取真正的开心。

过去有个大富翁，家有良田万顷，可日子过得并不开心。

挨着他家高墙的外面住着一户修鞋的，夫妻俩整天有说有笑，日子过得很开心。

一天，富翁的老婆听见隔壁夫妻俩唱歌，便对富翁说："我们虽然有万贯家产，还不如穷鞋匠开心！"富翁想了想笑着说："我能叫他们明天唱不出声来！"于是拿了两根金条，从墙头上扔过去。修鞋的夫妻第二天打扫院子时发现不明不白而来的两根金条，心里又高兴又紧张，为了这两根金条，他们连修鞋的活也丢下不干了。男的说："咱们用金条置些好田地。"女的说："不行！金条让人发现，

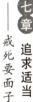

别人会怀疑是我们偷来的。"男的说："你先把金条藏在炕洞里。"女的摇头说："藏在炕洞里会叫贼娃子偷去。"他俩商量来，讨论去，谁也想不出好办法。从此，夫妻俩饭吃不香，觉也睡不安稳，当然再也听不到他俩的笑声和歌声了。富翁对他老婆说："你看，他们不再说笑，不再唱歌了吧！办法就这么简单。"

鞋匠夫妻俩之所以失去了往日的开心，是因为得到了不明不白的两根金条。为了这不义之财，他们既怕被人发现怀疑，又怕被人偷去，有了金条不知如何处置，所以终日寝食难安。

就像这对穷夫妻一样，一些中年男人现在拥有了年少时所渴望的东西，但他们却失去了快乐的感觉。原来当我们被身外物羁绊住时，我们就会迷失自己，无法弄清什么才是自己真正需要的。

南方的一个古镇上有一个铁匠铺，铺里住着一位老铁匠。主要以打制一些铁锅、斧头营生。他的经营方式非常古老和传统，人坐在木门旁，货物摆在门外，不吆喝，不还价，晚上也不收摊。你无论什么时候从这儿经过，都会看到他在竹躺椅上躺着，眼睛微闭着，手里拿着一只陈旧的半导体小收音机，身旁是一把紫砂壶。他每天的收入，正够他喝茶和吃饭的。他觉得自己老了，目前的生活既悠闲又惬意，因此非常满足。

一天，一个古董商人从老街上经过，偶然间看到老铁匠身旁的那把紫砂壶古朴雅致，紫黑如墨，有清代制壶名家戴振公的风格。他走过去，顺手端起那把壶。发现壶嘴处有戴振公的印章，商人惊喜不已，因为戴振公在世界上有捏泥成金的美名。据说他的作品现在仅存三件，一件在美国纽约州立博物馆里，一件在台湾"故宫博物院"，还有一件在泰国一位华侨手里。

商人想以 15 万元的价格买下那把壶。当他说出这个数字时，老铁匠先是一惊，后又拒绝了，因为这把壶是他祖辈留下来的，他们几代人打铁时都喝这把壶里的水，他们的汗也都来自这把壶。

壶虽没卖，但商人走后，老铁匠有生以来第一次失眠了。这把壶他用了近 60 年，并且一直以为是把普普通通的壶，现在竟有人要以 15 万元的价钱买下它，他转不过神来。

过去他躺在椅子上喝水，都是闭着眼睛把壶放在小桌上，现在他总要坐起来看一眼，这让他非常不舒服。特别让他不能容忍的是，周围的人们知道他有一把价值连城的茶壶后，蜂拥而来，有的打探他还有没有其他的宝贝，有的甚至开始向他借钱。他的生活被彻底打乱了，他不知该怎样处置这把壶。

当那位商人带着 20 万元现金，再一次登门的时候，老铁匠再也坐不住了。他召来自己的几房亲戚和前后邻居，当众把那把价值连城的壶砸了个粉碎。

现在，老铁匠还在卖铁锅、斧头，他已经 98 岁了。

对于懂得享受生活的人来说，任何不需要的东西都是多余的。要那么多钱干什么？对于老铁匠来说，房子再大，适合睡眠的却只是一张床；锦衣玉食并不合他的心意，粗布衣衫、白粥咸蛋才是他的最爱。而这样的生活，需要那么多的钱吗?!

很多人会说这是一个金钱推动的社会，是人们追求金钱的欲望以及拥有了金钱的虚荣使它永远向前。这是怎样的一种谬论啊！我们应该平静地面对生活给予的一切，不要让欲望这个没有止境的黑

第七章 追求适当
——戒死要面子活受罪

洞来洞穿我们的心灵。奢恋身外物的人，很难得到温暖，孤单和寒冷会一直抓住他们，让他们彻底迷失自己。

在今天的这个社会里，我们要冷静而坦然地面对身边的名利，的确很难，一般人都无法在心理上达到平衡。其实，与充满金钱的生活相比，平淡清贫不存在真正意义上的缺失和悬殊。金钱，生不带来，死不带去，而享有一次像老铁匠一样真正没有缺憾的生命，才是我们所追寻的人生价值之所在。

在俄国诗人涅克拉索夫的长诗《在俄罗斯，谁能幸福和快乐》中，诗人找遍俄罗斯，最终找到的快乐人物竟是枕锄瞌睡的普通农夫。是的，这位农夫有强壮的身体，能吃、能喝、能睡，从他打瞌睡的倦态以及打呼噜的声音中，流露出由衷的开心和自在。这位农夫为什么能开心？因为他不为金钱介怀，把生活的标准定得很低。

法国作家罗曼·罗兰说得好："一个人快乐与否，绝不依据获得了或是丧失了什么，而只能在于自身感觉怎样。"

有的人大富大贵，别人看他很幸福，可他自己身在福中不知福，心里老觉得不痛快；有的人无钱无势，别人看他离幸福很远，他自己却时时与快乐结缘。

有对下岗的中年夫妇在菜市上摆了个小摊，靠微薄的收入维持全家四口人的生活。这夫妻俩过去爱跳舞，现在没钱进舞厅，就在自家屋子里打开收录机转悠起来。男的喜欢喂鸟，女的喜欢养花。下岗后，鸟笼里依旧传出悦耳动听的鸟鸣声；阳台上的花儿依旧鲜艳夺目。他俩下了岗，收入减少了许多，却仍然生活得很快乐，邻居们都用惊异羡慕的目光看着他俩。

是的，也许我们无法改变自己的境况，但我们可以改变自己的心态。没了钱不要紧，但不能没有快乐，如果连快乐都失去了，那活着还有什么意义。快乐是人的天性的追求，开心是生命中最顽强、最执著的律动。

抛弃对身外物的贪欲，在物质世界和精神世界中，只要开开心心，生活的趣味就会更浓厚，恐惧和压抑感自然就会从内心深处消失。坦坦荡荡地做人，开开心心地生活，美好的日子就会永远留在你身边。

别为虚名浮利累垮自己

名，是一种荣誉，一种地位。有了名，通常可以万事亨通，光宗耀祖。名这东西确实能给人带来诸多好处，因而不少男人为了一时的虚名所带来的好处，会忘我地去追逐名利。结果他们得到了名利，却失去了快乐的心境。

沉溺于名会让你找不到充实感，让你备感生活的空虚与落寞。尤为可怕的是，虚名在凡人看来往往闪耀着耀眼的光芒，引诱你去追逐它。尽管虚名本身并无任何价值可言，也没有任何意义，但是总有那么一些人为了虚名而展开搏杀。真正体会到生命的意义、人生的真谛的人都不会看重虚名。

几年前，马思尼自己创业当老板，年收入超过 50 万美元。不料，就在公司的业绩如日中天的时候，他突然决定把公司交给别人经营，自己则转到一家大企业上班，月薪骤减为 6000 美元。为此，朋友、亲人一度无法理解他："你到底在想什么？"

马思尼透露，当时他的想法很简单：对方应允他可以拥有一间单独的办公室，旁边摆着一台音响，每天愉快地听着音乐工作，而这正是他一直最想过的日子。

马思尼并不想做大人物，所以，他也从不认为，男人就一定要当老板，有些事其实可以让给女人做。不过，他观察到大多数的男人好像都非得做个什么头儿，觉得有个头衔才有面子。

有一回，他听到一位年轻的男同事要求升头儿，理由是："我的同学掏名片出来，个个都是头儿，只有我不是，我都被他们比下去了！"

马思尼承认，男人的野心确实比女人大，而且，很多男人不能接受"你比我好，你比我强"，总觉得自己一定要赢过别人。

以前，他也有过同样的想法，到后来则发现其实是"自己给自己的枷锁"。于是，他渐渐学会"欣赏"别人的成就，而不是处处跟别人比。"我跟别人比快乐！"他说，也许别人比他有钱，做的官比他大，但是，却比他活得辛苦，甚至还要赔上自己的健康和家庭。

马思尼说，他这辈子最想做的是当一名"义工"，虽然没有名片、也没有头衔，但却是一个非常快乐的人，"我希望能在 50 岁之前，完成这个心愿"。

马思尼相信，当他的男性朋友听到他的这番告白，免不了会露出男性的武士本色。"你别恶心了！我简直要抱着垃圾桶吐！"那么，马思尼会不会因此而不自在呢？他回答得很潇洒："这种男人的话不必当真，就让他们去吐吧！"

其实，大多数的男人都喜欢当"武士"。

武士象征尊贵，代表有身份、有地位。武士长年在外征战，攻城略地，而虏获的东西，诸如财富、荣耀、权力或者女人，就成了彰显身份的表征。

为了维护武士的气概，保持高高在上的形象，他们一刻也不会停歇，不停地冲刺、打拼、奋力向前，付出了大量的体力与精神。

有一句话说："男人是十足的行动者。"他们以工作和行动来决定自己存在的意义和价值。男人处处以目标为取向，他们在乎实实在在的好处，例如，口袋里有多少钱，开什么车、住什么房子、担任什么职务等等，此外的东西对他们显然都不重要了。

曾有一个笑话将男人"开同学会"比喻为"比赛大会"，看看谁的成就比谁好，谁赚的钞票比谁多。"嗯！这家伙这几年混得不错，现在已经爬到总经理的位置了！""那小子更风光，有自己的别墅，开的还是八缸名车！"看到别人比自己混得好，就浑身不自在，顿时觉得矮了一截。

有一位男士，早年费尽心力，终于拿到博士学位，并且在一所著名的大学里任教，他的名字曾经连续两年荣登《美国名人录》，在学术界享有盛名。提起自己的成就，他最得意的是："很多当年的同学都很羡慕我！"

当提及他的生活时，他的表情开始转为凝重。他承认自己几乎

第七章 追求适当
——戒死要面子活受罪

147

没有家庭生活："我一天只睡 5 个小时，绝大多数的时间都用来做研究。我的太太常和我争吵，女儿也跟我很疏远，我从来没有带她们出去度过一天假，所有的时间都给了工作。"

非得要把自己弄得那么累吗？他重重地叹了一口气："唉！你不知道，干我们这一行，不进则退，后面马上就有人追上来了！"那么，感觉快乐吗？他愣了许久，最后终于说出真话："凭良心说，我一点都不快乐，我恨死了我现在的工作！我只想好好坐下来，跷着二郎腿，什么事都不做。可是，我简直不敢回头想。以前，我的愿望只是想当一名高中老师。"

这是一个真实的例子。"名利"这个词，早已吞噬了这个男士的心灵，对他只有伤害，毫无建树。无止境地竞逐成就，只会把男人弄得愈来愈累，很多男人的生活失去了平衡，他们不知道何时该停下来休息。

如果你的心里还在为领导这次提拔了别人而没有提拔你感到愤愤不平，如果你还在因为与你一起购买体育彩票的邻居中了大奖而你却什么也没有得到而久久不能释怀消气，那么看了上面的几个例子，你是不是觉得有所领悟？其实，名利本来就是那么一回事。只要我们全身心地投入生活，那么即使没有了名利，我们也照样会生活得有滋有味，快快乐乐。

人生活在这个社会中，不可能事事顺心。或许一生的努力都是徒劳，或许高官厚禄、巨额钱财在顷刻之间就离你而去，荣耀风光成为黄粱一梦。一些人老谋深算，为了争名夺利，不择手段地算计他人，可在突然之间却已被他人算计。人何必活得这么辛苦？因此，淡泊名利是人生幸福的重要前提。如果你渴望轻松，渴望真正地获得生命的意义，那么请记住——看淡名利。

努力赚钱也要把握好度

也许一个男人年少时会把钱看得很淡，但到了一定的年纪后，特别是上有老，下有小，肩上的责任日复一日地加重，这时钱的重要性就会越来越明显，努力赚钱是无可厚非的，但要把握一个度，超出了个人的需要，那么钱就只是一串数字、一堆废纸而已。

人的欲望是一种本能，不是罪恶。每个人都会有欲望，只不过每个人的欲望都不一样，有些人希望"五子登科"，有些人希望美眷巨宅，有些人希望名与权皆备，过多的欲望，会使有血有肉的人变成机器，少欲的人，才能得闲，无事当看韵书，有酒当邀韵友。我终于明白什么叫"无欲则刚"。

老实说，钱可以买到"婚姻"，但买不到"爱情"；钱可以买到"药物"，但买不到"健康"；钱可以买到"美食"，但买不到"食欲"；钱可以买到"床位"，但买不到"睡眠"；钱可以买到"珠宝"，但买不到"美丽"；钱可以买到"娱乐"，但买不到"愉快"；钱可以买到"书籍"，但买不到"智慧"；钱可以买到"谄媚"，但买不到"尊敬"；钱可以买到"伙伴"，但买不到"朋友"；钱可以买到"权势"，但买不到"威望"；钱可以买到"服从"，但买不到"忠诚"；钱可以买到"躯壳"，但买不到"灵魂"；钱可以买到"帮凶"，但买不到"知己"；钱可以买到"劳力"，但买不到"奉献"；钱可以买到"家庭"，但买不到"幸福"……

钱是生活之必需，又是万恶之根源，就看你如何驾驭！

一般情况下，人们只跟自己的同事团体来往，这个团体才是他们衡量自身成败的参考指标。例如，在一些国家，年收入在2万美元到3万美元的阶层，有他们自己的社交圈子。在这个圈子里，一年赚2.96万的就堪称高收入，2万元的则是低收入。一年赚2.96万的人如果要采用一年赚10万块钱的人的标准，结果一定会有失落感，而非满足感萦绕。如果人人都和洛克菲勒或唐纳·川普比较，我们的社会一定比现在更动荡不安，许多人也会终生不满，生活在痛苦的深渊。

问题是人的一生赚多少钱才够用？也许你没有算过，但事实可以告诉你，只要不是太奢侈，大多数人所赚的，往往多过于自己的需求。

奢侈，可以说是有钱的现代人的最大迷障。

哲学家说，钱有四种意义：钱是钱，钱是纸，钱是数字，钱是冥纸。但一般人都多赋予了另一个意义：钱是万能。

钱能取来花用，算钱。

赚了钱，但换成数量庞大的房子、车子、土地，守着不能用，叫纸。

把钱全存进银行，以数字的变化为荣，钱是数字。

赚太多了，身体撑不住了，钱会是冥纸，烧给自己用。

很多年前有一个商人为了显示自己的奢侈，用大把百元的大票粘贴成巨大的喜字；后来便有了一群商人为了满足自己的奢侈之心，开起了什么人体的盛宴；再后来，有了以金箔作为一道菜的黄金宴；有了20万之天价的年夜饭，这些都是人的奢侈之心在作祟。

这能说明什么呢？我们很难想象它带给人们的是怎样复杂的联想。

要知道，在一个文明社会里，社会越进步，人们就越提倡简朴，即使是在最发达的资本主义国家——美国，人们仍然以穿着的随意作为日常生活的时尚，拥有数百亿美元身价的比尔·盖茨，也会为节省几美元的停车费而宁愿将车多开出一站地。

钱非万能，但没钱万万不能，所以该学会：当用则用，当省要省。

如果你检查一下屋里的后阳台，便明白自己的奢侈指数，满满一箩筐未曾用过的东西，用了一次便准备扔掉的器皿，旧衣回收的全是新衣，还有亲友送来的礼品，这些全是物欲横流的证据。

一顿便餐花了数百元，一件衣裳花了上千元，一双鞋八九百……这样的数字令人惊心。

我们忘了人生是一种矛盾，想奢侈就必须多赚钱，努力工作一定没时间，太过操劳，身体一定不好。

生活果真两难呀，如何两全其美，可是学问。

那么，怎样收起你对金钱的贪念，养成简朴生活的习惯呢？

一是要减少越多越好的欲望。

第七章 追求适当
——戒死要面子活受罪

如果不乱花钱，便可以不拼命捞钱，便可以多出许多自在如意的时间，供自己随意取用。开始奉行"少即是多"的哲学，贪心少少，时间多多；东西少少，空间多多；工作少少，健康多多。

二是不要盲从于某些流行的产品。

避免追流行，因为它只是一种把你的钱从腰包里勾引出来的前奏，一件衣服只穿一个夏天，但得花掉你半个月的薪水，怎么也不划算，换作是我，只买自己喜欢的，而并非流行的。

女人节制浓妆艳抹，也会省去不少钱，许多化妆品里都含有某些伤害人体的物质，浓郁的香气，甚至会破坏呼吸系统的功能，消费也相当惊人。

三是别买那些眼下看来毫无用处的东西。

你的家绝不是垃圾堆置场，千万别把那些买来只用一次，或者根本不用的东西摆在家里，占据一个原本已小的空间，它往往只会让你心情不好，别无他益。

四是多从关心自我的角度去设计生活和工作。

人生本来就是矛盾的，太会赚钱的人，没时间陪家人；努力工作的人，体力变差；很有钱的人，很会花钱；试图拥有全世界的人，小心赔上一条命。

对财富的追求要有一定限度，一个人即使有一千处房产，也只能睡在一张床上。所以，男人们不要让钱迷住你的心，金钱够用就好，把精力全部投注于追求财富上只会伤身而已，别无益处。

别让虚荣蒙住了双眼

虚荣心就像一个色彩斑斓的肥皂泡，它随时都会破灭，而且这种心态还会让你失去自我，离成功越来越远。

赵昆相当聪颖、活泼，常常获得长辈们的夸奖，她也一直以此为荣，儿时的赵昆就养成了虚荣、好卖弄的习惯。

只要有机会，她就会争抢着去炫耀、去卖弄。

直到有一次，当她听录音时，突然听到其中一个尖锐而突出的声音，简直像是狼嚎。听了几遍后她才发现，那是自己的声音！赵昆开始反思自己，她想："从小到大，我一直没有挣脱过对虚荣的追逐，当别人夸奖自己时就沾沾自喜，可什么时候停下来审视一下自己呢？"

她终于明白了，一切的不快乐、不满足，皆因自己的虚荣而起。一个人能摈弃虚荣心，就是拥有平常心的开始。直至赵昆成了名副其实的名人，她始终也没有忘记这句话。她说："正是这句话，让我为自己的心找到了一个正确的方向！"生活中的自我太多，有机会就迫不及待地想跳出来，其实都是卖弄。

如果赵昆没有停下来认真地审视自己，而是被虚荣的习惯牢牢地束缚的话，那么她就会一点点堕落，最后成为"仲永"式的人物。

要知道：山外有山，人外有人，一个人一旦被虚荣的习惯控制住，他就会不思进取，并最终毁了自己的前途，所以我们一定要摒弃虚荣的习惯。

虚荣有很多表现：有的人喜欢卖弄自己的学识，好为人师；有的人喜欢追赶流行，炫耀自己，希望自己成为别人眼中的焦点……无论哪一种表现，他们都只能引起别人的厌恶。

李某是某公司的业务骨干，每个人都知道李某人不错，不自私，愿意帮助别人，然而大家还是讨厌他，因为他总喜欢标榜自己、卖弄自己。比如小赵犯了个小错误，李某会帮他解决问题，然而过程中李某也会不断强调小赵犯的错误不可原谅，乘机卖弄自己的本事，还要一再地教训小赵，结果小赵不但不领他的情，反而更加讨厌他。

不要利用别人的错误来卖弄自己，你应该以朋友的身份而不是导师的姿态出现。如果总是标榜自己，总是要对他人摆出一副导师的派头来，那就未免太过分了。更有甚者，为了表现自己的"为师之道"，常常会寻找他人的"失误"，并且利用他人的"失误"来表现自己的"师道"，拿他人的失误做文章，甚至不惜夸大这种失误的成分或后果，这就难免有些哗众取宠了。因而应该明白，你的那些自得的为师之道，也许会成为他人嘲笑的话柄，也许会成为他人讨厌你的原因。如果不加收敛，将会导致你从此越来越孤单，人们对你的话会不屑一顾，即使你在某些方面真的比他们懂得多，他们也会对你的批评不屑一顾，因为在他们的心理上，已经对你产生了反感。

所以你要警惕了，"师"并不是轻易就可以当得上的，如果你是一个智者，最好还是少称师为好。如果你把自己当成一个学生，人们不仅不会讨厌你，而且还会亲近你。可是如果你仍要把自己当成一个老师，以一副老师的姿态出现在人们的面前，那么你最终有可能成为一个孤家寡人。

还有一些人以追求时尚的方式来炫耀自己，虚荣的习惯驱使他们盲目追逐流行，生怕别人笑自己落伍。

朱小姐在一家大公司上班，月收入5000，是个人人羡慕的白领丽人，然而她的生活却并不像人们想象中那么美好。朱小姐承认自己是个爱慕虚荣的女孩，她的大部分工资都被她用来买名牌服饰、精美首饰，因此她只能租最旧的公寓，一个月有三分之二的时间要吃泡面，她是外表光鲜、内里苦呀！而且尽管她面容姣好，周围的男士众多，但却没人愿意追求她，这让已经30多岁的她更加难过。一个男同事一语道破了众男士的顾虑："她的一个皮包就要我半个月的工资，这么'贵气'的女人谁敢要啊！"朱小姐却不清楚自己的问题出在哪里，她仍旧过着虚荣的生活，当然也不会有人来追求她。

社会上，很多人都有虚荣的心态，他们盲目地追逐流行，花钱如流水一般，结果浪费了很多精力和金钱。

喜欢时髦、爱慕虚荣的人，不仅知道"现在流行什么"，更热衷于"未来的时尚"，这类人是罕有钱财的。其实，虚荣心重的人，所欲求的东西，莫过于名不副实的荣誉，所畏惧的东西，莫过于突如其来的羞辱。

虚荣习惯最大的后遗症是促使一个人失去免于恐惧、免于匮乏的自由。因为害怕羞辱，所以不定时地活在恐惧中，常感匮乏，所以经常没有安全感，不满足；而虚荣心强的人，与其说是为了脱颖而出、鹤立鸡群，不如说是自以为出类拔萃，所以不惜玩弄欺骗、诡诈的手段，使虚荣心得到最大的满足。

虚荣心是一股强烈的欲望，欲望是不会满足的。虚荣心所引起的后遗症，几乎都是围绕在其周遭的恶行及不当的手段，所以严格说来，每个人的虚荣心应该都是和他的愚蠢等高。

成熟的男人是不会因某些成就而沾沾自喜的；若为某些成就而感到骄傲，也应该是心存感恩，有健康的骄傲心态，而非不当得而得的"虚荣"！

别打肿脸充胖子

有的男人为了虚荣不惜"打肿脸充胖子"，外面看上去很"光彩"，但吃苦受罪的还是自己，为了外表的"光彩"而遭受实在的痛苦，这不是很可悲的一件事吗？

莫泊桑有一篇关于虚荣心的小说《项链》，女主人公玛蒂尔德和丈夫结婚后，总在幻想自己家里富丽堂皇，摆满了银器，生活优越奢华。虽然丈夫对她百般呵护，疼爱有加，她仍然不能满足于现状。她渴望步入上流社会结交权贵，成为人人羡慕的贵妇。一次偶然的机会，丈夫为她弄到一张舞会的票，由于舞会上有达官显贵的出现，她高兴至极，用家里的积蓄为自己精心订做了一套晚礼服。可是，却没与之相配的首饰珠宝，她只好去找朋友借，朋友倒是非常客气，让她在自己的首饰盒里随便挑，她选中了一串翡翠项链，舞会那天的晚上，她光彩照人，跳了个尽兴。回到家之后，她依然不能忘记自己在舞会上受人追捧的情景，她想要在镜子面前仔细欣赏一下自己迷人的风采，却发现项链不知在什么时候丢了。她吓得魂飞魄散，和丈夫一起找遍了大街小巷仍然一无所获，最后在一家珠宝商人那里看到了和那串一模一样的项链，价格却高得吓人。但是为了还朋友的项链，她只好以借贷的形式买下了那串项链。为此，她付出了10年的青春让丈夫和她一起还那串项链的借款。10年之后，当她再一次和朋友相见时，朋友怎么都认不出她了，因为她看上去比实际年龄老了很多，衣服也穿得破烂不堪，手上的皮肤干涩而粗糙。10年的苦难她其实没有必要去受，虚荣毁了她，让她为那条项链付出了昂贵的代价。

现实中，类似的例子还有很多，许多人因为虚荣吃亏上当，甚至有苦说不出，打掉牙往肚子里咽。

小镇上有一个人在家里特怕老婆。可是为了争面子，外人面前他从来都说自己是一家之主，老婆什么事儿都依着他。一天，一个小贩背了一卷地毯沿街叫卖，他和一群邻居在树下纳凉，津津有味地和邻居说着老婆怎么怎么怕他。碰巧这个小贩过来了，小贩把一卷地毯放在他面前，听完他的高谈阔论之后，就开口和他讲生意："大哥，你买一块地毯吧，回去铺在地上又美观又干净，累了往上一躺，都不用脱鞋的。"众人让这个小贩打开地毯看一看，花色确实也

第七章 追求适当
——戒死要面子活受罪

很漂亮，就劝他买了吧，他佯装称赞一番说有点贵，不买。

小贩把价钱降了一降，他却仍然说贵。小贩和他磨了半天嘴皮子仍然无法动摇他的决心。这时，小贩卷起了地毯，拍拍他的肩膀说："大哥，是怕老婆吧！做不了老婆的主就明说嘛！我不会为难你的。"只见他的脸一下子从耳根红到脑门、眼睛瞪得溜圆："谁说的，我老婆在家得听我的，我让她往东，她不敢往西，我做不了她的主，反了她了。到底多少钱？我买了。"小贩一下子眉开眼笑："大哥，看你这么爽快，那就 300 元了，算便宜卖给你，以后咱俩做个朋友。"就这样，一笔交易完成了。后来，听说他买回去的那块地毯质量差的要命，他被老婆狠狠地骂了一顿，却一声都不敢回。

这就是虚荣的结果，为了撑起一个在别人眼里的高大形象，只好自己吃亏受累。人其实没有必要活得那么累，每个人都有自己的人生路，假如人人都让这种虚荣心左右，那么还有什么个性可言，世界会少了多少色彩？如果为了满足自己的虚荣心去出卖自己的灵魂，岂不悲惨？你就是你，我就是我，这个世界比你强的人有很多，比你差的同样也不少，用心活出一个个性的自我，就是你自身的价值所在。没有必要去为虚荣卖命，因为它会引导你走入歧途，甚至毁了你。

不要活在他人的价值观里

一个人活在别人的价值观里就会变得虚荣，因为太在意别人的看法就会失去自我。其实每个人都应当为自己而活，追求自我价值的实现以及自我的珍惜。

如果你追求的幸福是处处参照他人的模式，那么你的一生都会悲惨地活在他人的价值观里。

生活中的人常常很在意自己在别人的眼里究竟是什么样的形象，因此，为了给他人留下一个比较好的印象，许多人总是事事都要争取做得最好，时时都要显得比别人高明。在这种心理驱使下，人们往往把自己推上一个永不停歇的，疲累、痛苦的人生轨道上。那么，人就该永远活在别人的价值观里吗？

有一天下午，珍妮正在弹钢琴，7岁的儿子走了进来。他听了一会儿说："妈，你弹得不怎么高明吧？"

不错，是不怎么高明。任何认真学琴的人听到她的演奏都会退避三舍，不过珍妮并不在乎。多年来珍妮一直这样不高明地弹，弹得很高兴。

珍妮也喜欢不高明地歌唱和不高明地绘画。从前还自得其乐于不高明的缝纫，后来做久了终于做得不错。珍妮在这些方面的能力

第七章　追求适当
——戒死要面子活受罪

159

不强，但她不以为耻。因为她不愿意活在别人的价值观里，她认为自己有一两样东西做得不错。

"啊，你开始织毛衣了，"一位朋友对珍妮说，"让我来教你用卷线织法和立体织法来织一件别致的开襟毛衣，织出 12 只小鹿在襟前跳跃的图案。我给女儿织过这样一件。毛线是我自己染的。"珍妮心想，我为什么要找这么多麻烦？做这件事只不过是为了使自己感到快乐，并不是要给别人看以取悦别人的。直到那时为止，珍妮看着自己正在编织的黄色围巾每星期加长 5 至 6 厘米时，还是自得其乐。

从珍妮的经历中不难看出，她生活得很幸福，而这种幸福的获得正在于，她做到了不是为了向他人证明自己是优秀的而有意识地去索取别人的认可。改变自己一向坚持的立场去追求别人的认可并不能获得真正的幸福，这样一条简单的道理并非人人都能在内心接受它，并按照这个道理去生活。因为他们总是认为，那种成功者所享受到的幸福就在于他们得到了这个世界大多数人的认可。

其实，获得幸福的最有效方式就是不为别人而活，不让别人的价值观影响自己，就是避免去追逐它，就是不向每个人去要求它。通过和你自己紧紧相连，通过积极的自我形象，你就能得到更多的认可。

不要盲目与人攀比

一些男人坦言，最害怕去参加同学会，因为现在的同学会简直就是"攀比会"：比事业、比地位、比房子、比车子、比银子……于是，我们越比越急、越比越累，老实说这种烦恼都是自找的，放下攀比之心，你的生活一定会轻松很多。

尽管我们都知道"人比人，气死人"的道理，可在生活中，我们还是要将自己与周围环境中的各色人物进行比较，比得过的便心满意足，比不过的便在那儿生闷气发脾气，这其实都是我们的攀比之心在作怪，说白了还是虚荣心在那里作怪。

有这种心理的人，会将别人的什么东西都拿来与自己的进行比较：家里住多大的房子、有什么样的车子、老公的样子、花钱的派头、地板砖的质料、孩子的学习，当然更多的就是比谁家住的、吃的、用的、玩的更阔气！

历史上常有权贵们互相攀比的例子：

北魏时期河间王琛家中非常阔绰，常常与北魏皇族的高阳进行攀比，要决一高低。家中珍宝、玉器、古玩，绫罗、绸缎、锦绣，无奇不有。有一次王琛对皇族元融说："不恨我不见石崇，恨石崇不见我！"而石崇本身就是一个又富贵又爱攀比的人。

元融回家后闷闷不乐，恨自己不及王琛财宝多，竟然忧郁成病，对来探问他的人说："原来我以为只有高阳一人比我富有，谁知道王琛也比我富有，哎！"

还是这个元融，在一次赏赐中，太后让百官任意取绢，只要拿得动就属于你了。这个元融，居然扛得太多致使自己跌倒伤了脚，太后看到这种情景便不给他绢了，当时人们引为笑谈。

人生在世，但凡是个正常人，多多少少都有些虚荣，虚荣本来无可厚非，但虚荣过火之时便是让人讨厌之时。这攀比就是因过度虚荣而表现出来的一种让人讨厌的性格特征。

攀比有以下害处：

（1）让人情绪无常。当攀比之后，胜了别人，立刻情绪高涨，自大狂妄，以为天下唯有我是最了不起的；可是比得过甲，不见得比得过乙，不如乙的时候立刻情绪低落，感觉脸上无光，一点面子没有，恨不得找个地缝钻进去。

像元融，见别人的财富珍宝多过自己，立刻满脸忧虑，甚至都愁出病来。

（2）易伤害交际感情。人在社会中，必须与他人交往，如果你在群体中不是去攀比甲，就是攀比乙，在攀比之中会伤害和你交往的对象。比得过，你便轻视别人，看不起别人，从而不尊重别人，别人只能对你不置可否；比不过的，你会满含妒意，或造谣、或诬陷，对人用尽一切诋毁之手段，同样会伤害别人的感情，破坏良好的交际关系，大家最后都懒得与你来往。

（3）攀比会使一个人容易走上犯罪道路。这犯罪无非是想尽一切办法去扩大自己的财富，提高自己的名声。当你所使用的手段不是那么正大光明时，比如你通过贪污挪用、行贿受贿来扩大自己的财富，好去虚荣地攀比，那么总有一天你会锒铛入狱的。

有很多人并不认为自己是攀比，而认为自己花钱多、购物多、上档次、穿名牌、拿手机、玩掌上电脑是讲究生活品质，自诩自己的那些一掷千金、一掷万金的举动是"为了追求生活品质"！"为了讲究生活品质"！

实际上，那些真正讲究生活品质的人并不是体现在表面上，也不是纯粹表现在物质这个浅层次上，"讲究生活品质"只不过是为自己肤浅的攀比行为打掩护。你只要在镜中照一下自己眼角的那份不屑、那份自满，你就会明白"生活质量"不过是攀比、炫耀的代名词！事实上，这只不过是失去了求好的精神，而将心灵、目光专注于物质欲望的满足上。在一个失去求好精神的社会中，人们误以为摆阔、奢侈、浪费就是生活品质，逐渐失去了生活品质的实质，进而使人们失去对生活品质的判断力，攀比着追逐名牌，追逐金钱，追逐各种欲望的满足。难怪人们在物质欲望满足之际，却无聊地在那儿打哈欠呢！无聊地在夜里互相攀比着烧钱玩！

但很多一般人还是在羡慕那些住大房子、开名牌车、穿着入时、经常上星级饭店喝酒、动辄将孩子送到国外去上学、身边总是有漂亮小姐称为"小蜜"的人，以为那才是生活，那才是生活的品质，于是我们这些一般人就不择手段地去追求，甚至到心力交瘁的地步。

如果你是一个爱攀比的人，一个试图攀比的人，那么停下你的脚步吧：

（1）别让虚荣阻碍了你享受生活。攀比让你的虚荣心满足，可为了这满足你却付出了多大的代价：想方设法、不择手段、焦头烂额、心神交瘁，更大的代价是你忘了生活中还有比攀比更让人感到愉悦的事情。

（2）创造你自己的生活品质。真正的生活品质，是回到自我，清楚地衡量自己的能力与条件，在这有限的条件下追求最好的事物与生活。生活品质是因长久培养了求好的精神，从而有自信、丰富的内心世界；在外可以依靠敏感的直觉找到生活中最好的东西，在内则能居陋巷、饮粗茶、吃淡饭而依然创造愉悦多元的心灵空间。

（3）思考攀比的意义。与别人攀来比去，你最后除了虚荣的满足或失望之外，还剩下什么？有没有意义？是徒增烦恼还是有所收获？最后思考的结果即毫无意义。你感到无意义，自然就会停止这种无聊的行为。

生活是自己的，只要自己过得开心、舒适就好，何必让有害无益的攀比损害自己的幸福呢？

别为虚荣追逐名利

在虚荣的人眼里，名利是一件非常重要的事，有些男人会为了名利奔走钻营、费尽心机，但这种人只会越活越累，而且会受到现实的嘲笑，还有一种人，他们不被虚荣左右，视名利如浮云，然而他们却得到最多的尊敬。

谈到居里夫人，人们马上就会想到镭，想到她在科学上的巨大成就，而且也会想到她曾两次获得诺贝尔物理、化学奖，是世界上一位卓越的女科学家。

居里夫人原名玛丽，出生在波兰一个贫穷的教师家庭里。

玛丽虽然出身贫寒，但却聪明、刻苦，中学毕业后，由于母亲过早去世和父亲年迈退休，她不得不辍学出外谋生，去离华沙100公里的人家做家庭教师，但这并没能磨损玛丽勤奋刻苦的求学精神。

玛丽和彼埃尔结婚后，生活很拮据，但居里夫人并未因贪慕虚荣而去追求物质上的享受。相反他们志同道合，相亲相爱，在十分艰苦的条件下进行着科学试验，而且配合得天衣无缝。当时在欧洲没有人对铀射线作过深入的研究，但他们认为，科学必须开拓无人走过的路，不然就不叫科学研究，于是他们选择铀射线为题目，探索铀沥青矿里第二种放射性的化学元素。他们买不起这种原料矿苗，就想利用廉价的铀沥青残渣。几经周折，他们用自己的钱，买到了矿渣。原料有了，却没有实验室，向市政府申请而遭到拒绝后，只得在理化学校借了一间堆置废物的厂棚。在这间破烂屋子里，他们习惯了酷暑和严寒，使用着极其简单的工具，把残渣弄碎加热，忍着刺鼻的气味，连续几个钟头搅动大锅里的溶液，居里夫人是学者、技师，同时也是苦力。夫妇二人以超人的毅力一公斤一公斤地提炼了成吨的沥青矿渣，经过无数次的失败，反复地分析、测定和试验，终于在8吨铀沥青的残渣中，先后发现了钋和镭两种天然放射性元素，从而为原子能科学的发展起到了重要的推动作用。

镭的发现，轰动了世界，居里夫妇每天收到大批的信件，全世界都为这项空前的业绩感慨万千。玛丽和彼埃尔声誉鹊起，1903年12月获得了诺贝尔物理奖。

"镭的发现将创造出亿万财富"，如果居里夫妇呈报专利的话，他们将从世界各国得到制镭的专利费。但是，他们没有这样做。玛丽和彼埃尔认为，科学应当属于全人类，毅然毫无保留地公布了他们苦心研究的成果。结果首先向居里夫妇要求提炼镭的实业家发了大财。20世纪20年代初期，1克镭的价格高达10万美元（合当时100万法郎，现在的七八百万法郎）。30年代，加拿大发现了铀矿之后，爆发了一场价格战。一项卡特尔协定于

1938 年规定，1 克镭的最低价格为 25000 美元，可想而知，如果居里夫妇索要专利费，可以获得巨大的财富。1911 年末，瑞典科学院的评判委员会，再次授予她诺贝尔化学奖，并取得了"镭王后"的称号。

玛丽两次获得 20 世纪学者的最高荣誉，18 次获得国家奖金，获得了世界上 108 个名誉头衔。但在荣誉面前，居里夫人只有一句话："在科学上我们应该注意事实，不应该注意人的等级观念。" 即使是论功行赏，她也觉得难以接受。正如爱因斯坦所说的："在所有的著名人物中，居里夫人是唯一不为荣誉所颠倒的人。"

居里夫人的一位女友在她获奖后来到她家做客，却看见那枚珍贵的奖章正被居里夫人的小女儿很随便地拿在手中把玩。这位朋友很不理解，便向居里夫人提出质疑——为什么如此贵重的东西竟然随便地拿给孩子玩，要知道，那代表的可是一份极为尊贵的荣誉啊！

而居里夫人的回答却十分简单："我只是想让孩子从小就明白一个道理，荣誉这东西像玩具，你只能玩玩而已，千万不能太当回事，否则你以后就会一事无成。"居里夫人看似简单的一句话，却足以使每个人重新思索和审视自己对于名利问题的原有态度和一贯做法。如果一个人只把追求名利作为自己唯一的人生目标，过分地执著于此，那么就很有可能超出个人理智以及社会规范的限度。而一旦这样，人就会真的迷失自我，不再是名利的主人，而要变成它的奴隶了。

名利确实是男人实现理想，完善自我的一种极为正常的方式，

第七章　追求适当
——戒死要面子活受罪

但不应成为人生全部的意义所在。如果人为满足虚荣心，极力追求这些外在的利益，那他必将遭致他人的厌弃。

用自嘲来战胜虚荣

人的一生，谁都难免会有失误，谁身上都难免会有缺陷，谁都难免会遇上尴尬的处境。虚荣的人喜欢藏藏掩掩，喜欢辩解。其实越是藏藏掩掩，心理越是失衡；越是辩解，只会越辩越丑，越描越黑，最佳的办法是学会嘲笑自己。

美国著名演说家罗伯特，头秃得很厉害，在他头顶上很难找到几根头发。在他过 60 岁生日那天，有许多朋友来给他庆贺生日，妻子悄悄地劝他戴顶帽子。罗伯特却大声说："我的夫人劝我今天戴顶帽子，可是你们不知道秃头有多好，我是第一个知道下雨的人！"这句自嘲的话，一下子使聚会的气氛变得轻松起来。

美国第十六任总统林肯长相丑陋，可他不但不忌讳这一点，相反，他常常诙谐地拿自己的长相开玩笑。

在竞选总统时，他的对手攻击他两面三刀，搞阴谋诡计。林肯听了指着自己的脸说："让公众来评判吧，如果我还有另一张脸的话，我会用现在这一张吗？"

还有一次，一个反对林肯的议员，走到林肯跟前挖苦地问："听说总统您是一位成功的自我设计者？""不错，先生。"林肯点点头说，"不过我不明白，一个成功的自我设计者，怎么会把自己设计成这副模样？"

　　这两位伟人有不尽如人意的地方。不过他们并没有遮遮掩掩，否认自己的不足，反而以此来自嘲，既带动了气氛，又显示了智慧，不能不说是一种人格魅力的突显。

　　自嘲是一种特殊的人生态度，它带有强烈的个性化色彩。作为生活的一种艺术，自嘲具有调整自己和环境的功能。它不但能应付周围众说纷纭带来的压力，摆脱心中种种失落和不平衡，获得精神上的满足和成功，还能给别人增添快乐，帮助别人更清楚地认识真实的自己。

　　人总有一些地方不能与别人相比，如果故意掩盖，反而让别人觉得有笑料可挖，就越想把事情搞明白。这样，自己的压力也就越来越大。与其让别人去挖，干脆自己承认好了，这样既满足了别人的好奇心，又释放了压力。如果再艺术地自嘲一下，别人笑过之后也就不会再去探究什么了。可是，世界上就是有许多人不想承认自己的不足，更不会以自嘲的方式去解脱自己。

　　伊索寓言里的那只狐狸用尽了各种方法，拼命地想得到高墙上的那串葡萄，可是最后还是失败了，于是只好转身一边走一边安慰自己："那串葡萄一定是酸的。"这只聪明的狐狸得不到那串葡萄，心里不免有些失望和不满，但它却用"那串葡萄一定是酸的"来解嘲，使失望和不满化解，使失衡的心理得到了平衡。

　　连狐狸都会给自己台阶下，人的聪明才智又到哪里去了？虚荣的心让许多人骑虎难下，如果别人不给他梯子，他就不会自己下来，而聪明的人贵就贵在清楚地知道自己的不足，即使别人不给梯子，自己也可以下来。这个梯子就是自嘲。

第八章

心胸开阔——戒小肚鸡肠

现在的男人,精品的少,做得精致的更少!其实,做个精致的男人说难也难,说易也易。而要做个好男人,首先就要心胸开阔,戒掉"小肚鸡肠"。

戒自寻烦恼

其实每个人的心都是自由的，如果你感叹心太累，那么一定是你自己锁住了自己。"世上本无事，庸人自扰之"，何必做一个自筑牢狱的庸人呢？跳出来吧，快乐正在等着你。

三伏天，禅院的草地枯黄了一大片。"快撒点草种子吧！好难看哪！"小和尚说。

师父挥挥手："随时！"

中秋，师父买了一包草籽，叫小和尚去播种。

秋风起，草籽边撒、边飘。"不好了！好多种子都被吹飞了。"小和尚喊。

"没关系，吹走的多半是空的，撒下去也发不了芽。"师父说："随性！"

撒完种子，跟着就飞来几只小鸟啄食。"要命了！种子都被鸟吃了！"小和尚急得跳脚。

"没关系！种子多，吃不完！"师父说："随遇！"

半夜一阵骤雨，小和尚早晨冲进禅房："师父！这下真完了！好多籽被雨冲走了！"

"冲到哪儿，就在哪儿发芽！"师父说："随缘！"

一个星期过去了，原本光秃的地面，居然长出许多青翠的草苗。

一些原来没播种的角落，也泛出了绿意。

小和尚高兴得直拍手。

师父点头："随喜！"

"随时、随性、随遇、随缘、随喜"概括了人生多少自然，多少豁达！不妄求、不贪恋、不慌乱、不躁进，一切自然随意，人生还会有太多的东西可以让你寝食难安，愁眉不展吗？很多的东西都是人人想要的。为此，世事纷争、你恨我怨，但有几人可以如愿？为何不开释自己的心灵，无私无欲？为何不让自己跳出心灵的圈子，卸下包袱，心境恬静一点？

不要幻想生活总是那么圆圆满满，也不要幻想在生活的四季中享受所有的春天，每个人的一生都注定要跋涉沟沟坎坎，品尝苦涩与无奈，经历挫折与失意。

洒脱一点，得失存乎于世，弃之于心，人生难免看尽落英缤纷，风华早谢。停留与驻足不应该是你人生失意时的选择，抬眼望天，太阳永远光彩夺目，月亮永远以暗夜作幕。生活不可求全责备，披着阳光的色彩前行，生活才会有光明照耀。细细想来，其实你完全可以很快乐。就像这个烦恼少年的经历一样。

有一天，烦恼少年来到一个山脚下。只见一片绿草丛中，一位牧童骑在牛背上，吹着悠扬横笛，逍遥自在。

他看到了很奇怪，走上前去询问："你能教给我解脱烦恼之法么？"

"解脱烦恼？嘻嘻！你学我吧，骑在牛背上，笛了一吹，什么烦恼也没有。"牧童说。

烦恼少年试了一下，没什么改变，他还是不快乐。

第八章　心胸开阔
——戒小肚鸡肠

于是他又继续寻找。走啊走啊，不觉来到一条河边。岸上垂柳成阴，一位老翁坐在柳阴下，手持一根钓竿，正在垂钓。神情怡然，自得其乐。

烦恼少年又走上前问老翁："请问老翁，您能赐我解脱烦恼的方法么？"

老翁看了一眼忧郁的少年，慢声慢气地说："来吧，孩子，跟我一起钓鱼，保管你没有烦恼。"

烦恼少年试了试，不灵。

于是，他又继续寻找。不久，他路遇两位在路边石板上下棋的老人，他们怡然自得，烦恼少年又走上前去寻求解脱之法。

"喔，可怜的孩子，你继续向前走吧，前面有一座方寸山，山上有一个灵台洞，洞内有一位老人，他会教给你解脱之法的。"老人一边说，一边下着棋。

烦恼少年谢过下棋老者，继续向前走。

到了方寸山灵台洞，果然见一长髯老者独坐其中。

烦恼少年长揖一礼，向老人说明来意。

老人微笑着摸摸长髯，问道："这么说你是来寻求解脱的？"

"对对对！恳请前辈不吝赐教，指点迷津。"烦恼少年说。

老人答道："请回答我的提问。"

"有谁捆住你了么？"老人问。

"……没有。"烦恼少年先是愕然，尔后回答。

"既然没有人捆住你，又何谈解脱呢？"老人说完，拂着长髯，大笑而去。

烦恼少年愣了一下，想了想，有些明白了：是啊！又没有任何人捆住了我，我又何须寻找解脱之法呢？我这不是自寻烦恼，自己捆住自己了吗？

少年正欲转身离去，忽然面前成了一片汪洋，一叶小舟在他面前荡漾。

少年急忙上了小船，可是船上只有双桨，没有渡工。

"谁来渡我？"少年茫然四顾，大声呼喊着。

"请君自渡！"老人在水面上一闪，飘然而去。

少年拿起木桨，轻轻一划，面前顿时变成了一片平原，一条大道近在眼前。少年踏上大路，欢笑而去。

跳出心灵牢狱的方法在你自己的手里，没有人可以左右你的思想，如果你依然用烦恼自扰，别人也不可能帮上你的忙。因为无人可以把他的意志强加在你的头上。境由心造，要想快乐，何不自己跳出来？

别中了嫉妒的毒

嫉妒是一种极端的情绪，是内心失去平衡后的一种表现形式。男人就是被嫉妒情绪困扰的主要人群，而如果无法摆脱嫉妒心理，不但自身无法取得成就，还会让自己活得疲惫不堪。

人生不如意者十之八九，所以每一个人总会遭遇到各种各样的痛苦和烦恼，这是不以人的意志为转移的，而嫉妒者更是不快乐，他们受到的痛苦比其他人遭受的痛苦都要大，因为他们不是在自己的成就里寻找快乐，而是在别人的成就里寻找痛苦，所以他们自己的不幸和别人的幸福都使他们痛苦万分。

嫉妒者总是与别人攀比，看到别人的优势就眼红，就会产生艳羡，由艳羡又转化为渴望，由渴望又变为失望、焦虑、不安、不满、怨恨、憎恨。他们情绪极端不稳定，易激怒、爱感情用事、反复无常、自制力极差，一次次的痛苦循环，使得心理负荷越来越重，终日被自己的嫉妒所折磨、撕裂、噬咬，使得嫉妒者内心苦闷异常。因此当嫉妒心理侵扰时，嫉妒者会心烦意乱，会痛苦，会愤恨。

嫉妒者怀着仇视的心理和愤恨的眼光去看待他人的成功，而自己却在这种不良的情绪中受到极大的心理伤害。

一切嫉妒的火，都是从燃烧自己开始的。嫉妒者内心充满痛苦、焦虑、不安与怨恨，这些情绪久久郁积于内心，就会导致内分泌系统功能失调，心血管或神经系统功能紊乱，甚至破坏消化系统、血液循环系统的正常运行，会使大脑皮层下丘脑垂体激素、肾上腺皮质类激素分泌增加，使血清素类化学物质降低，从而引起多种疾病，如神经官能症、高血压、心脏病、肾病、肠胃病等等，从而影响身心健康，所以"嫉"实为"疾"也。

据说美国一些医学专家经过调查发现，嫉妒程度低的人，在25年中只有2.3%的人患心脏病，死亡率也仅占2.2%；相反，嫉妒心强的人，同一时期内竟有9%以上得过心脏病，其死亡率高达13.4%。据统计，嫉妒心强的人，也容易患头疼、高血压、神经衰弱等病症；而大部分容易嫉妒的人都会出现一些身体上的病症，如胃痛、背痛、情绪低落、行为失控等。

嫉妒，不仅给他人带来痛苦、损害和灾难，而且对自己也是有害的，所以古希腊哲学家德谟克利特说："嫉妒的人常自寻烦恼，他是他自己的敌人。"嫉妒心强的人，一般自卑感较强，没有能力、没有信心赶超先进者，但却又有着极强的虚荣心，不甘心落后，不满足现状，所以看到一个人走在他前面了，他眼红、痛恨；另一个人也走在他前面了，他埋怨、愤怒、说三道四；第三个人又走在他前面了，他妒火上升、坐立不安……一方面他要盯住成功者，试图找出他们成功的原因，另一方面嫉妒又使得他心胸狭窄，戴着有色眼镜去看待别人的成功，觉得别人成功的原因似乎都是用不光彩的手段得来的，因而便想方设法去贬低他人，到处散布诽谤别人的谣言，有时甚至会干出伤天害理的事情来。这样做的结果，不但伤害了别人，同时也降低了自己的人格，毁掉了自己的声誉，事后又难以避免地陷进自愧、自惭、自责、自罪、自弃等心理状态之中，为此夜不成眠，昼不能安，自己折磨自己。

嫉妒心强的人，时时刻刻绷紧心上的一根弦，时刻处于紧张、焦虑和烦恼之中。他们不能平静地对待外部世界，也不能使自己理智地对待自己和他人。他们对比自己优秀的人总是怀着不满和怨恨之情，对比自己差的人又总是怀着惟恐他们超过自己的恐惧之心。因此他们终日惶恐不安，心理压力很大，活得很累很累。而且嫉妒和猜忌有不解之缘，有猜忌必有疑心，有疑心必然胡乱猜测和树敌、自寻烦恼和痛苦。在某种程度上，可以说嫉妒者到处寻找刺激，到处寻找怨恨，到处寻找包袱自己背。他们的痛苦最多，思想包袱最重。严重的嫉妒者终日生活在自我袭扰中，在自找痛苦和烦恼中度日月，煎熬生命，而又无力自拔，这样很容易引起精神分裂症。

嫉妒的习惯会让人一生碌碌无为，嫉妒的受害者首先是嫉妒者自己。莎士比亚说得很确切："嫉妒是绿眼的妖魔，谁做了他的俘虏，谁就要受到愚弄。"嫉妒者经常处于愤怒嫉恨的情绪中，势必影响自己的学业、工作和生活。生气是用别人的缺点来惩罚自己，嫉妒却是用别人的优点和成就折磨自己，因而它就更加残酷无情地毁掉自己一生的前途和事业。自己不上进，恨别人的上进；自己无才能，恨别人有才能；自己无成就，恨别人获得了成就。嫉妒者的光阴和生命就在对他人的怨恨中毫无价值地消磨掉，到头来两手空空，一事无成。俗话说："世上本无事，庸人自扰之。"嫉妒者都是庸人，他们自己给自己制造烦恼、痛苦和思想包袱；他们自己给自己制造"敌人"，树立对立面；他们自己给自己制造不平静，所以，嫉妒者都是无事生非和无事自扰的庸人。

在嫉妒心理萌生时，还要及时调整自己的意识和行为，自觉控制自己的动机和感情，把嫉妒心理消灭在萌芽状态，做到宽怀大度、宽以待人，尽量克服心胸狭窄、目光短浅的毛病。要依靠自己的真才实学实现自己的人生目标，不要靠关系、权术、后门、整人等卑鄙手段。要时刻保持清醒的头脑，人生没有常胜将军，要想在所有的方面都超过别人是不可能的，优势是暂时的、相对的，被别人超越是很正常的。处于优势时，不要"沾沾自喜"；处于劣势时，不要萎靡颓丧。大肚能容天下难容之事，善待他人，宽容他人，就能真正做到心底无私天地宽。对晚辈、对下级要积极推荐、大力扶持，你要明白"长江后浪推前浪"是亘古不变的自然规律。对别人超过自己要抱欢迎的态度，应为别人的进步而高兴，为别人得到荣誉而喜悦，这才称得上心胸宽大、气度不凡。嫉妒人家无非是怕人家的先进对比出自己的平庸和落后，但是怕也无济于事，生气不如争气，嫉妒并不能给自己增添什么光彩，反而会凸显出自己的卑劣。

要避免和克服嫉妒，重要的一条是对自己的期望值不要过高。想事事都超过别人，事事都优越于别人、比别人强，是不可能的，也是办不到的。那种不切实际的奢求，过高的期望值，往往不能达到，反而容易产生嫉妒。每个人都要冷静而客观地衡量自己的主客观条件，掂一掂自己的分量，制定目标，力求从自己的实际出发，不可过高地要求自己。当经过努力达不到既定目标时，不要气馁，更不要嫉妒达到目标的人。要认真地总结经验教训，把目标修订得更切合实际一些，使自己稳步、踏实地前进，切不可对超过自己的人妒忌起来。

另外，少一分虚荣就少一分嫉妒。虚荣心是导致嫉妒心理产生的重要原因。虚荣心强的人如果看到别人在某件事上比自己强，就会产生嫉妒。他们死要面子，追求虚假的荣誉和别人的尊敬，不愿意别人超过自己，以贬低别人来抬高自己。在生活过程中，最好不跟任何人比，你自己不行，就自认倒霉。世界上原本就有得意人生和失意人生，你最好选择随意人生，随心随意，随遇而安。如果你觉得自己是最幸运的，那倒真有可能，因为幸运只是一种自己的感觉，但你千万别以为自己是世界上最不幸的，无论你多么的不幸，总会有比你更不幸的人。

一个人通过冷静分析自己的实力和优缺点，慎重对待得与失，强迫自己转移心理注意，就能使自己从嫉妒的心理中解脱出来。自我抑制对于克服嫉妒是非常有效的一种手段。罗马哲学家及诗人留克利希阿斯说过："当狂风使大海不断翻腾时，如果从陆地上看看人们在海上何等艰苦地挣扎，你会感到非常甜蜜，这并非幸灾乐祸，而是因为当人们知道自己很安全时，就会感到幸福。"但是实际生活

第八章 心胸开阔
——戒小肚鸡肠

中，很多时候嫉妒是因为只看到了别人幸运的一面而没看到别人的困境。一个穷人只嫉妒富人的财富，而一个富人则嫉妒穷人的健康；青年会嫉妒成年人的权力，而成年人则嫉妒青年的活力；一个丈夫事业有成的女人，会嫉妒别人有个关心妻子儿女的好丈夫，而后者则嫉妒别人的丈夫有权有势。所以设身处地地想想别人的痛苦，就会减轻自己的嫉妒。

排除烦恼和痛苦心情的缠绕，可以采用情感转移的方式。当嫉妒心理紧紧缠绕自己的时候，换一种心情，让痛苦发泄出来，可以减轻嫉妒的危害。首先，可以运用快乐治疗法。嫉妒是使人不快乐的重要因素，嫉妒者会给自己带来极大的不快乐。要想消解这种不快，只有去生活中寻找快乐。要有一种比上不足，比下有余的心理状态。快乐是一种情绪，嫉妒也是一种情绪，在人的心理上何种情绪占据主导地位，主要靠人来调整。所以用快乐来战胜嫉妒情绪，能将不公平的、愤懑的痛苦化解得无影无踪，让心中充满阳光和快乐。有了嫉妒心理并不可怕，只要能微笑着去战胜它，就能有一个幸福的人生。

另外，还应该注意自我宣泄。为了阻止自己的嫉妒朝着更深的程度发展，在嫉妒产生的初始阶段，嫉妒者就应该多找朋友倾诉，面对知心朋友尽可以发发心中的牢骚。朋友的劝慰和开导会使自己轻松很多，无形之中稀释了嫉妒的浓度。当你被嫉妒的恶魔缠绕的时候，如果一时找不到知己，另一个好办法是通过转移注意力摆脱产生嫉妒的心境，如去参加劳动、去锻炼身体或大声唱唱歌、跳跳舞，做做自己喜爱的活动：如绘画、钓鱼、下棋、旅游等等，还可以去大自然里散散步，或找个没人的地方大哭一场。这些都可以冲淡内心的怨恨情绪，使嫉妒心理得到情绪上的宣泄。

聪明的男人意识到自己有了嫉妒之心就应该立刻踩刹车，熄灭愤懑的妒火，把嫉妒心转化为进取的动力，这样人生之路才不会越走越累。

不要总是心浮气躁

人到一些年岁以后，你会发现总有那么多事情让你心浮气躁，让你烦恼，不要再抱怨生活太混乱，乱的其实是你的心，只要你保持住宁静从容的心境，那么不论周围环境多恶劣，你都能做到心境平和，临危不乱。

每天，当我们打开电视和报纸，都会看到许多令人不安的新闻。欧洲又发现了一例"疯牛病"，你情不自禁地会想：我今天吃的牛肉汉堡可别有"疯牛病"……股市又下跌了，你开始担心自己买的股票……医生说，坐便马桶不卫生，会传染性病。你忽然紧张起来，因为你白天刚刚使用了开会的大楼里的公共卫生间……

在家中，在单位，甚至走在大街上，你也会遇到许多烦心的事：单位领导莫名其妙地冲你发火，为一件微不足道的小事足足批评了你一个小时；路上，一个人嫌你挡了他的道，骂骂咧咧没个完……

人面对着外界的这些混乱干扰，心情怎么能够承受得了？

那么，该如何办？保持心情的宁静。只要稍微宁静下来，你眼前的一切就会是完全不同的情形。

让我们试着用平和宁静的心情来看待那些曾让我们心烦意乱的外界干扰。

世界就是这样，每天都会有很多坏消息、坏事报道出来了，说明人们已经有了警觉。如果自己无力改变，相信会有人去改变，自己以后当心一点儿就是了。孩子让你操心，但最终要靠他自己努力，你尽到责任就可以了，不必为此闹心。领导可能是有烦心事，不过是拿你当出气筒，不要太在意，受点儿委屈，也就过去了。

魏晋时有一个人，特别容易着急发怒，这人叫王蓝田。一次他吃煮鸡蛋，用筷子夹，夹不住，于是就大怒，拿起鸡蛋扔到地上。鸡蛋未破，在地上打转。王蓝田更生气了，干脆用穿的木屐去碾鸡蛋，鸡蛋又滚一边了。这位老兄简直要气死了，眼睛都瞪炸了，他一把捡起鸡蛋，放到嘴里狠狠咬破了，又吐出来。

这可能是个极端的事例，但我们在平日里不也经常为鸡毛蒜皮的小事而破坏了我们的平静心情和平静生活吗？因为外界的干扰而打乱我们的心境，会影响我们的身心快乐，也会打乱正常的生活节奏。

不要因外界的纷纷扰扰而自坏阵脚，乱了自己生活的步子，更不要心生烦躁、忧虑、焦灼，要保持你心情的宁静。

东晋大诗人陶渊明做诗道："结庐在人境，而无车马喧。问君何能尔，心远地自偏。"居住在嘈杂的人间，却听不到车水马龙的喧嚣。为什么会如此？因为心是宁静的，身在闹市也如在偏僻的地方一样。

而要保持平静心态，就要学会去注意我们的感觉，注意我们生命的质量，注意人生中最重要的事情，这就是快乐、健康、实现自己的美好理想。我们停止担忧那些不重要的事情，比如衣服不太合身，交通又堵塞了，有人好像对自己不友好，这次提升又没有我，别人买了汽车而自己还没有，等等。我们还要学会不要昧于事理，让生活失去了平衡，就是说，不要让学习和工作上的压力影响我们的正常生活。

美国《读者文摘》有篇文章讲了这么几个事例：布鲁斯是一名医生，他的病人都是患了心脏病的孩子，其中有些急需移植心脏，却迟迟得不到合适的心脏。他的工作中也有不如意的事，比如病人死了。当他回到家里后，妻子会问问他工作上的事，他会说说。然后，夫妇俩就会去找自己的两个小儿子，抱着他们或给他们讲故事。安娜·威尔德是一个急难者辅导中心的义工，负责接听电话。打电话的人往往扬言要开枪或自杀，接着会突然挂断电话。辅导员如果是新手，在以后的几天里多半会拼命翻报纸，很担心看到那个来电话的人自杀的消息。但资深的辅导员一般不会这么做。威尔德如果某天工作不愉快，下班后便回家去精心做一顿晚餐。她说："我切肉，剁肉，晚餐色香味俱全，给我补充体力，让我第二天可以再好好工作。"文章说："有些人成天都在辅导强奸案受害者、在谋杀案现场调查或潜到水下搜集飞机残骸，却还有精力在星期天下午为高中足球队摇旗呐喊。如此困难的事，他们是怎样做到的呢？……如果问有何诀窍，他们说因为'明白事理'。"

这个"事理"在我看来，就是世间的事不是我们都能掌握主动权或只要努力就能做好的，有许多事我们只能尽到本分，仅此而已，正所谓"谋事在人，成事在天"。明白了这一点，我们就不会因遭遇外界的压力和痛苦而使自己变得郁郁寡欢或烦躁不安。对人世间的痛苦我们都会产生同情，这是正常的合乎人性的反应。但我们也要与它保持适当的距离，只有这样，才是处理痛苦的妙方，也是让自

第八章　心胸开阔
——戒小肚鸡肠

己能继续把工作做好的唯一方法。

只要你觉得自己是一个值得一活的人，人生的危机就不会妨碍你去过充实的生活。如此，就会有一种安全感取代焦虑不安，而你也就可以快快乐乐地活下去，把不安之感减低到最低限度。有了这种"安全感"，也就自然会有心灵的平和宁静。

要保持宁静的心态，可以在遇到烦心的事时有意识地改变一下想法。比如在乘公共汽车时碰到交通堵塞，一般人会焦躁不安，但你可以想："这正好使自己有机会看看街道，换换脑子。"如果朋友失约没来找你玩，你也不必心生烦闷，你可以想："不来也没关系，正好自己看看书。"这样转换想法，就可以使烦躁的心境变得平和起来。

诸葛亮有句名言：非淡泊无以明志，非宁静无以致远。

能在一切环境中保持宁静心态的人，是有高度修养的人，他就是一个快乐的人，也是能成就大事业的人。他能冷静地应对世事的千变万化，永远不迷失自己的目标。我们要努力培养自己的抗干扰能力。"任凭风浪起，稳坐钓鱼台。"这个"台"，就是宁静的心灵。

不要只从最坏的一面看问题

总从坏的一面看问题是一种悲观心态，它会抑制你的进取心，让你被忧虑侵蚀，并且身心俱疲，作为男人，我们一定要战胜这种不良心态。

场大水冲垮了她家的泥屋，家具和衣物也都被卷走了。洪水退去后，她坐在一堆木料上哭了起来：为什么这么不幸？以后该住在哪儿呢？镇里的表姐带了东西来看她，她又忍不住跟表姐哭诉了一番，没想到表姐非但没有安慰她，还斥责起她来："有什么好伤心的？泥房子本来就不结实，你先租个房子住段时间，再盖砖瓦的不就好了！"

故事中的女人就是生活中悲观者的代表，他们遇事总是拼命往坏的一面想，自找烦恼，死钻牛角尖，不问自己得到了什么，只看自己失去了多少，结果情况越来越糟糕，心情越来越低落。其实任何事情都有坏的一面和好的一面，如果能从积极的方面看问题，那么就会有一个截然不同的结果，做起事来也就会更加得心应手。

有这样一则民间故事：有位秀才第二次进京赶考，住在一个以前住过的店里。考试前一天他接连做了两个梦：第一个梦是梦到自己在墙上种高粱；第二个梦是下雨天，他戴了斗笠还打伞。这两个梦似乎有些深意，秀才第二天就赶紧去找算命的解梦。算命的一听，连拍大腿说："你还是回家吧，你想想，高墙上种高粱不是白费劲吗？戴斗笠还打雨伞不是多此一举吗？"秀才一听，心灰意冷，回店收拾包袱准备回家。店老板非常奇怪，问："不是明天才考试吗，你怎么今天就回乡了？"秀才如此这般解说了一番，店老板乐了："咳，我也会解梦的。我倒觉得，你这次一定要考中的。你想想，墙上种高粱不是高种（中）吗？戴斗笠打伞不是说明你这次是有备无患吗？"秀才一听，觉得店老板的话比算命人的更有道理，于是精神振奋地参加考试，居然中了个榜眼。

角度不同，对问题的看法各有所异，有人积极，有人消极。消极思维者只看坏的一面，对事物总能找到消极的解释，最终他们也

第八章 心胸开阔

戒小肚鸡肠

将得到消极的结果。而积极思维者却更愿意从好的方面考虑问题，并通过自己的努力，得到一个积极的结果。所有这一切正如叔本华所言："事物的本身并不影响人，人们是受到对事物看法的影响！"

佛教讲"无常"，凡事可以变好，凡事也可以变坏。悲观的人永远都是为自己只剩下百万元而担忧，乐观的人却永远为自己还剩下一万元而庆幸。面对晚霞映红半边天的情景，有人叹息："夕阳无限好，只是近黄昏。"也有人想到的却是："莫道桑榆晚，为霞尚满天。"面对半杯饮料，有人遗憾地说："可惜只有半杯了。"有人庆幸地说："尚好，还有半杯可饮。"不同的人对同一件事有不同的心情，不同的心情必然有不同的结果。

我们每个人都有自己的生活，都有选择精彩人生的机会，关键在于你的态度。态度决定人生，这是唯一一项真正属于你的权利，没有人能够控制或夺去的东西就是你的态度。如果你能时时注意这件事实，你生命中的其他事情都会变得容易许多。

苏东坡在被贬谪到海南岛的时候，岛上的孤寂落寞，与当初的宾客如云相比，简直判若两个世界。但苏东坡却认为，宇宙之间，在孤岛上生活的，也不只是他一人；大地也是海洋中的孤岛！就像一盆水中的小蚂蚁，当它爬上一片树叶，这也是它的孤岛。所以，苏东坡觉得，只要能随遇而安，就会快乐。

苏东坡在岛上，每吃到当地的海产，他就庆幸自己能到海南岛。他甚至想，如果朝中有大臣早他而来，他怎么能独自享受如此的美食呢？所以，凡事往好处想，就会觉得人生快乐无比。人生没有绝对的苦难，只要凡事肯向好处想，自然能够转苦为乐、转难为易、转危为安。海伦·凯勒说："面对阳光，你就会看不到阴影。"积极的人生观，就是心里的阳光！

消极的人多抱怨，积极的人多希望。消极的人等待着生活的安排，积极的人主动安排、改变生活。而积极的心态是快乐的起点，它能激发你的潜能，愉快地接受意想不到的任务，悦纳意想不到的变化，宽容意想不到的冒犯，做好想做又不敢做的事，获得他人所企望的发展机遇，你自然也就会超越他人。而如果让消极的思想压着你，你就会像一个要长途跋涉的人背着沉重而无用的大包袱一样，看不到希望，也失掉许多唾手可得的机遇。

别让坏心情缠上你

心情的好坏是由自己决定的，良好的心态会让你笑口常开，在遇到不如意的事时，你就会换种角度想问题，让快乐始终陪伴自己。

安徒生童话里有这样一个故事：

乡村有一对清贫的老夫妇，有一天他们想把家中唯一值点钱的一匹马拉到市场上去换点更有用的东西。老头牵着马去赶集了，他先与人换得一头母牛，又用母牛去换了一只羊，再用羊换来一只肥鹅，又把鹅换了母鸡，最后用母鸡换了别人的一口袋烂苹果。

在每次交换中，他都想给老伴一个惊喜。

当他扛着大袋子来到一家小酒店歇息时，遇上两个英国人。闲聊中他谈了自己赶集的经过，两个英国人听后哈哈大笑，说他回去准得挨老婆子一顿揍。老头子坚称绝对不会，英国人就用一袋金币打赌，三人于是一起回到老头子家中。

老太婆见老头子回来了，非常高兴，她兴奋地听着老头子讲赶集的经过。每听老头子讲到用一种东西换了另一种东西时，她都充满了对老头的钦佩。

她嘴里不时地说着："哦，我们有牛奶喝了！"

"羊奶也同样好喝。"

"哦，鹅毛多漂亮！"

"哦，我们有鸡蛋吃了。"

最后听到老头子背回一袋已经开始腐烂的苹果时，她同样不愠不恼，大声说："我们今晚就可以吃到苹果馅儿饼了！"

结果，英国人输掉了一袋金币。

看过故事，你可能会发现老婆子的心情一直都很好，不管老头子用一匹马换来换去，换到最后只换得一袋烂苹果，但她仍然没有生气，反而会说："我们今晚就可以吃到苹果馅儿饼了！"是的，就算你只能得到烂苹果又有什么关系？心情好才是最重要的。况且，一种好心情收获的是一个意想不到的惊喜，干吗要让自己不高兴？

有个女人习惯每天愁眉苦脸，小小的事情似乎就引起不安、紧张。孩子的成绩不好，会令她一整天忧心，先生几句无心的话会让她黯然神伤。她说："几乎每一件事情，都会在我的心中盘踞很久，造成坏心情，影响生活和工作。"

有一天，她有个重要的会议，但是沮丧的心情却挥之不去，看看镜子里自己的脸庞，竟然无精打采。她打电话问朋友该怎么做？"我的心情沮丧，我的模样憔悴，没有精神，怎么参加重要的会议？"

朋友告诉她："把令你沮丧的事放下，洗把脸把无精打采的愁容洗掉，修饰一下仪容以增强自信，想着自己就是得意快乐的人。注意！装成高兴充满自信的样子，你的心情会好起来。很快地你就会谈笑风生，笑容可掬。"她试着按朋友的话去做。当天晚上在电话中告诉朋友说："我成功地参加了这次会议，争取到新的计划和工作。我没想到强装有信心，信心真的会来；装着好心情，坏心情自然消失。"

人要懂得改变情绪，才能改变思想和行为。思想改变，情绪也会跟着改变。

人在心情不好的时候会不自觉地把坏心情抱得更紧；关门不跟人说话，撅着嘴生闷气，锁着眉头胡思乱想，结果使心情更坏、更难过。所以，人要学会放下坏心情，拥抱好心情。

我们想拥有好心情，就得从原有的坏心情中解脱，从烦恼的死胡同中走出来。放下心情的包袱，好好检视清楚，看看哪些是事实，把它留下来，设法解决；哪些是垃圾、是给自己制造困扰的想法，把它扔掉，这就能应付自如，带来好心情。

⚡ 不要压抑你的负面情绪

生活中，谁都会有一些不良情绪，如果不断压抑它们，你就会越来越消沉，越来越疲累。因此，最好的办法是找一种不伤人的方式把不良情绪宣泄出来，这样你就会重新轻松起来。

一天深夜，一个陌生女人打电话来说："我恨透了我的丈夫。"

"你打错电话了。"对方告诉她。

她好像没有听见，滔滔不绝地说下去："我一天到晚照顾小孩，他还以为我在享福。有时候我想独自出去散散心，他都不让；自己却天天晚上出去，说是有应酬，谁会相信！"

"对不起。"对方打断她的话，"我不认识你。"

"你当然不认识我。"她说，"我也不认识你，现在我说了出来，舒服多了，谢谢你。"她挂断了电话。

生活中，大概谁都会产生这样或那样的不良情绪。每一个人都难免受到各种不良情绪的刺激和伤害。但是，善于控制和调节情绪的人，能够在不良情绪产生时及时消释它、克服它，从而最大限度地减轻不良情绪的影响。

不良情绪产生了该怎么办呢？一些人认为，最好的办法就是克制自己的感情，不让不良情绪流露出来，做到"喜怒不形于色"。

但人毕竟不同于机器，强行压抑自己的情绪，硬要做到"喜怒不形于色"，把自己弄得表情呆板，情绪漠然，不是感情的成熟，而是情绪的退化，是一种病态的表现。

那些表面上看起来似乎控制住了自己情绪的人，实际上是将情绪转到了内心。任何不良情绪一经产生，就一定会寻找发泄的渠道。当它受到外部压制，不能自由地宣泄时，就会在体内郁积，危害自己的心理和精神，造成的危害会更大，因此，偶尔发泄一下也未尝不可。

有些心理医生会帮助患者压抑情感，忽略情绪问题，借此暂时解除患者的心理压力。患者便对负面能量产生一定的控制力，所有的情绪问题似乎迎刃而解了。

压抑情绪或许可以暂时解决问题，但是等于逐渐关闭了心门，变得越来越不敏感。虽然你不会再受到负面能量的影响，却逐渐失去了真实的自我。你变得越来越理性，越来越不关心别人。或许你可以暂时压抑情绪，但在不知不觉中，压抑的情绪终将反过来影响你的生活。

面对情绪问题时，心理医生的建议是：如果有人伤害了你，你必须回忆整个过程，不断描述其中的细节，直到这件事不再影响你为止。这样的心理治疗方式只会让感情变得麻木。你似乎学会了压抑痛苦，但是伤口仍然存在，你仍会觉得隐隐作痛。

另外，有些心理医生则会分析患者的情绪问题，然后鼓励患者告诉自己，生气是不值得的，以此否定所有的负面情绪。这些做法都不十分明智。虽然通过自我对话来处理问题并没有什么不对，但人不该一味强化理性，压抑感情。因为长此下去，你会发现，你已背负了沉重的心理负担。

一个会处理情绪的人完全能够定期排除负面能量，而不是依靠压抑情感来解决情绪问题。敏感的心是实现梦想的重要动力，学会排除负面情绪，这些情绪就不会再困扰你，你也不必麻痹自己的情感。

如果你生性敏感，当你学会如何排除负面能量后，这些累积多时的负面情绪就会逐渐消失。此外，你还必须积极策划每一天，以积蓄力量，尽情追求梦想，这是你最好的选择。

所以，聪明的男人在消解不良情绪时，通常采取三个步骤：首先必须承认不良情绪的存在；其次，分析产生这一情绪的原因，弄

第八章 心胸开阔
——戒小肚鸡肠

191

清楚为什么会苦恼、忧愁或愤怒；再次，如果确实有可恼、可忧、可怒的理由，则寻求适当的方法和途径来解决它，而不是一味压抑自己的不良情绪。

别与快乐绝缘

阻挠一个男人成功的心理障碍，包括责难、沮丧、焦虑、漠不关心、骤下评论、犹豫不决、推托、过分追求完美、怨怒之心、困惑及罪恶感，这些心态都是负面情绪的表现。具有这些心态的人不一定是坏人，但是你为了获取正面能量，要尽量与快乐的人在一起。

在一次南部非洲首脑会议上，曼德拉出席并领取了"卡马勋章"。

在接受勋章的时候，曼德拉发表了精彩的演讲。在开场白中，他幽默地说："这个讲台是为总统们设立的，我这位退休老人今天上台讲话，抢了总统的镜头，我们的总统姆贝基一定不高兴。"话音刚落，笑声四起。

在笑声过后，曼德拉开始正式发言。讲到一半，他把讲稿的页次弄乱了，不得不翻过来看。

这本来是一件有些尴尬的事情，但他却不以为然，一边翻一边脱口而出："我把讲稿的次序弄乱了，你们要原谅一个老人。不过，我知道在座的一位总统，在一次发言中也把讲稿页次弄乱了，而他却不知道，照样往下念。"这时，整个会场哄堂大笑。

结束讲话前，他又说："感谢你们把用一位博茨瓦纳老人的名字（指博茨瓦纳开国总统卡马）命名的勋章授予我，我现在退休在家，如果哪一天没有钱花了，我就把这个勋章拿到大街上去卖。我肯定在座的一个人会出高价收购的，他就是我们的总统姆贝基。"

这时，姆贝基情不自禁地笑出声来，连连拍手鼓掌。会场里掌声一片。

曼德拉的幽默让台下的人如沐春风，神清气爽。所以，与快乐的人在一起，他会把快乐传染给你，让你忘记烦恼和忧愁。

你是否也曾有过这样的经历？在一个地方，或是和一些人相处，你会感到焦虑不安，脖子酸痛、疲惫不堪。你不知道到底是哪根筋不对，但就是觉得不舒服。然而和另一些人相处时，你就会觉得精神百倍，身体上的不适感也慢慢消失。在这些人的陪伴下，你觉得事事如意，这些人所散发的正面能量，让你感到更快乐、更安详、更有信心。

这些现象不是偶然的，而是能量交流的结果。一个精神能量低的人如果和一个精神能量高的人在一起，前者将受惠无穷，后者则会损失一些能量。精神能量通常会在两人之间流动，直到获得平衡为止。

请你想象甲乙两个玻璃瓶，两者底部有管子相连，管内有个阀门可以控制两个玻璃瓶的液体流量。请你先把阀门关上，将甲瓶装满蓝色液体，乙瓶则什么也不装。当你把阀门打开时，这两个玻璃瓶会产生什么样的变化呢？它们都会盛装等量的蓝色液体。

同样的道理，如果你心中充满正面能量，当你碰到一个能量低的人时，能量就会从你身上流向他。不过，这个例子描述的是"量"的流向，而非"质"的交流。为了充分了解"质"，请再回到玻璃瓶的例子。

先关上阀门把甲瓶装满凉的蓝色液体，然后把乙瓶装满热的红色液体，当打开阀门时，这两个瓶子会产生怎样的变化呢？首先，冷热液体相互交流，温度达到平衡。其次，两个瓶内的液体都会变成紫罗兰色。

如果快乐的你碰到一个不快乐的人，过不了多久，那个人的心情会好转，你的心情则会变糟，你或许不会马上受到影响，但是几小时或是几天之后，你的心情就会逐渐变糟。

所以，要想让自己摆脱消极，请接受这个建议：不要让不快乐的人感染你快乐的心情。

自我激励给自己增加动力

生活中，我们难免碰到困难，或易进入低潮期，觉得万事不顺，身心俱疲。这种时候你并不是总能幸运地得到别人的帮助。因此，你一定要学会自我激励。

中古时期，苏格兰国王罗伯特·布鲁斯，曾前后十多年领导他的人民，抵抗英国的侵略。但因为实力相差悬殊，六次都以失败告终。

一个雨天，战败后的他悲伤、疲乏地躺在一个农家的草棚里，几乎没有信心再战斗下去了。

正在这时候，他看到草棚的角落里，有一只蜘蛛在艰难地织网，它准备将丝从一端拉向另一端，六次都没有成功。然而这只蜘蛛并没有灰心，又拉了第七次，这次它终于成功了。

布鲁斯受到了极大的启发："我要再试一次！我一定要取得胜利！"

他以此激励自己，重新拾起自信心，以更高涨的热情领导他的人民进行战斗。这次，他终于成功地将侵略者赶出了苏格兰。

苏格兰国王从一只小小的蜘蛛身上，看到再度奋起的勇气，并以同样的方式激励自己，在再试一次中实现了自己的理想。

自我激励是人生中一笔弥足珍贵的财富，在人生的前行中能产生无穷的动力。一旦你拥有了自我激励的动力，你就给生命插上了美丽的翅膀，它将带着你展翅翱翔，创造属于你自己的人生辉煌。

从某种意义上说自我激励就是自我期待。人们激励自己的目的，就是为达到所期待的目标。

走进美国航天基地的人，会看到一根大圆柱上镌刻着这样的文字：If you can dream it，you can do it。这句话可译为：如果你能够想到，你就一定能够做到。

不错，想得到便做得到。一个心存梦想的人便是一个自我期待的人。

能够自我激励的人，首先就是一个能自我约束、自我了解的人。他能够在逆境中从容面对一切，鼓励自己，激发自己，让自己能够适时忍耐，在黎明到来之前做好充分的准备。

英国诗人拜伦在上阿伯丁小学时，因跛足很少运动，身体虚弱，走路都困难。

一天，几个健壮的同学在操场上踢足球，拜伦在旁边出神地观看。他有惊人的想象天赋，边看边在自己的脑海里想：自己该怎样拦截、抢球、射门，脸上不时呈现出紧张、惋惜、欣喜的神色。就在他自我陶醉的时候，一个健壮而顽皮的同学郎司拉他去踢足球。拜伦不肯，郎司眼珠一转，想出了个坏主意。他恶作剧式地找来一只篮子，强迫拜伦把一只脚放进去，"穿"着这只篮子绕场一圈。当时拜伦真想扑上去打郎司一拳。但他怎么打得过高大健壮的郎司呢？无奈只好忍气吞声地把竹篮穿在脚上，一瘸一拐地绕操场走起来。同学们看了笑得前仰后合，郎司更是开心得双脚在地上跳。

但这次当众受辱的经历彻底改变了拜伦日后的命运。他意识到一切不公都来自于自己的体弱。从那以后，他激励自己，在别人嘲笑他的时候，他会在心里暗暗较劲。后来，这个意志坚强的人刻苦参加各项运动。一年半以后，他的体质明显增强了，手臂上的肌肉也凸了起来。在球场上，他能像三级跳远的运动员那样连续不断地飞跑。不久，他参加了学校运动会，恰巧他在拳击比赛中与郎司相遇，激战相持了很久，最后，拜伦一个勾手拳，击中郎司下巴，把他打倒在台上。同学们为拜伦的意志、力量和永不服输的精神深深感染，他们欢呼着将拜伦抛向空中。

有一句俗语：人生都是三节草，三穷三富过到老。而且我们的人生还有无限希望，任何人在困难的时候都应自我激励，让自己从低潮的疲累中走出来。

别斤斤计较

如果想要活得开心、活得有意义，那么就不要跟人斤斤计较，这种小心眼的心态会让你的生活变成一片灰色。作为男人，何不豁达一点呢，这会让你活得更轻松。

李大妈早年丧夫，且无子嗣，生活困窘，因此脾气也不怎么好。

老刘和老吴是李大妈的邻居。因为李大妈的品性，她和老刘、老吴的关系处得很差劲。老刘和老吴也因为有李大妈这样的邻居而心里别扭。

但老吴和老刘二人的性格截然不同。老吴豁达开朗，凡事想得开；而老刘则有点心胸褊狭，爱走极端。因此二人虽生活在同一个环境中，表现大不一样：老吴整天乐呵呵的，老刘却一天到晚吊着脸，一副怏怏不乐的样子，好像谁借了他二斗陈大麦还了他二斗老鼠屎一样。

一天，李大妈的一只黄母鸡不见了，她便在自家院里跳着脚骂："哪个老不死的，偷了我的黄母鸡？谁偷了我的黄母鸡断子绝孙，死时闭不上眼睛！"

骂声很大，邻居老吴和老刘都听见了。

老吴想："她没点名骂谁，咱也没干那亏心事。不做亏心事，睡觉不关门，她爱骂骂去，与咱毫不相干。"仿佛没听见骂声似的。

而老刘则不一样。他想："这怕是冲我来的，这婆娘真没口德，开口闭口老不死的。哎，真气死我了！"出去就和李大妈吵了一架，但自己不几天便病倒了。

几天以后，李大妈在她家的柴火堆中发现了死母鸡。原来黄母鸡觅食钻到了柴火堆下面，它还没出来，李大妈便在外面放了一担柴火，把那个出孔堵住了，以致它饿死在里面了。

李大妈有些内疚，便找老吴和老刘道歉。

老吴听后说："我没什么，一点都没生气，你找老刘道歉去吧！"

李大妈极诚恳地向老刘作了解释和道歉。老刘听后，心中的怨气慢慢地消了，过了几天，就能起来行走，身体慢慢地恢复了。

"哎，都是自己小心眼造成的，咱要像人家老吴，还生哪门子气呢？"老刘心想。

生活中类似于这样的小事很多。斤斤计较不但影响了心情也影响了健康。人生短暂，浪费时间和精力在这些小事上实在不是聪明人所为。如果你觉得烦恼，那是你还有时间烦恼，为小事烦恼，是因为没有大事让你烦恼。

英国著名作家迪斯累利曾精辟地指出："为小事斤斤计较的人，生命是短促的。"的确，如果让微不足道的小事，时常吞噬我们的心灵，这种疲惫的感觉会让人可怜地度过一生。

第九章

松弛有度——戒把自己的生活搞得过于忙碌

男人是社会的栋梁、家庭的支柱,在重压下,他们只能拼命地工作,绷紧了神经生活,"最近比较忙"已经成为了男人的口头禅。然而,生存的意义不只是为了忙碌,不要把自己的生活搞得那么紧张,保持愉快平和的心态,能够享受生活的乐趣,才算是拥有高质量的生活。

不要太过苛求自己

男人到了不惑之年后，自觉已处在人生事业的巅峰期，因而往往会对自己提出更高的要求，希望能够把握机会冲刺再创辉煌。然而，太苛求自己是与快乐生活的本意相背离的，只有放下对自己的苛求，才能享受简朴而平和的人生。

亚历山大大帝征服了全希腊之后仍不满足，他决定出征波斯，与拥兵百万的波斯大帝大流士一决雌雄。在出发之前，亚历山大决定找一位智者讨论一下生命宇宙之间的大道理。亚历山大听说希腊有一位隐士，名字叫第欧根尼。这位隐士生性古怪，行为玩世不恭，甚至可以说是愤世嫉俗，好像中国古代的狂狷之士。这位第欧根尼先生平生非常富有，但他却将所有的财产全部送给了别人，只留下一个小碗，沿街乞讨，平时就住在街上的一个木桶里。有一天他遇到一个年轻的奴隶连一个碗都没有，在街上用两只手捧着水喝，第欧根尼就将自己惟一的碗给了这个乞讨者，从此他乞讨时就用手拿着吃。亚历山大找到第欧根尼先生后，坐在第欧根尼居住的木桶边上聊了很长的时间，他们从生命的意义谈到宇宙的起源。最后第欧根尼问亚历山大大帝未来的目标。亚历山大回答说要征服波斯。

第欧根尼问："然后呢？"亚历山大说："要征服全小亚细亚的王国。""然后呢？"亚历山大说："要征服整个世界。"第欧根尼继续问："当你征服了全世界以后的打算呢？"亚历山大迟疑了半天，回答说："再以后就准备好好轻松一下，好好享受一下人生了。"第欧根尼问道："既然如此，那你为什么要自找麻烦到处去征服，而不现在就去轻松一下，好好享受一下人生呢？"

但是，亚历山大最终也没有能够好好轻松一下，好好享受一下人生，就在征服印度后返回的路上，年轻的亚历山大大帝得病去世了。他也许始终没能明白第欧根尼先生的意思，事实上许多人都始终不明白这其中的道理。享受人生并不是漫长旅途后到达终点那一个时刻，也不是登上山顶时让人心旷神怡的瞬间。

我们必须明白，卓越并不是目标的达到，成功也不是事情的完成。成功和卓越并不是一个静止的状态，而是一个不断进取的动态过程，是在从一个目标向一个新的目标行进的旅途中。享受人生并不是享受到达终点的那个时光，而是在我们生活中完成点点滴滴细小目标的过程中，在这些过程中的每一个梦想、每一个计划、每一次挣扎、每一次失败，都是值得好好体验的美，都是值得好好享受的美。

因此，平和的心态对健康的积极作用，是任何药物所不能替代的。在竞争日益激烈的今天，学会平和自己的心态对身体健康乃至事业的成败都是至关重要的。有句俗语："心静自然凉。"如果人的心态、心境能够悠然、恬静、积极健康、顺其自然，那么即使是在炎热的夏天，也会有清凉的感觉。或许有人会说古人生活在田园之间，在那种典型的"采菊东篱下，悠然见南山"的农业文明下，人不需要面对那么多的诱惑，自然能够做到心态平和，这句话或许有一定的道理。诚然，在物欲横流、诱惑重重的今天能够做到平和并

非易事。在数字化的时代，我们不断地接受各种各样的刺激，不断地接收五花八门的信息，不断地追求和积累所谓的人生价值……

面对纷繁复杂的大千世界，久而久之，男人也难免被搅得晕头转向，不知道这些到底是什么，自己所要的又是什么。我们积累了太多关于名誉、地位、财富、学历的欲念，同时也积累了很多兴奋、自豪、快乐、幸福以及烦恼、郁闷、懊悔、自卑、挫折、沮丧、愤怒、仇恨、压力等种种复杂的情绪。我们会时常为之所动，甚至神魂颠倒，被外界的刺激搅得心神不宁甚至坐卧不安。要重新稳定我们生活的定力，回归平和的心态，就得常常给自己的心灵洗一洗澡，经常将这些积累的东西分类鉴别：早该抛弃的是否依旧还在占据你的心灵空间？早该珍视的是否还在被你漠视？吐故纳新之后，就如同你在擦拭掉门窗上的尘埃与地面上的污垢，把一切整理就绪之后，整个人的心理阴霾便得到荡涤，获得一种快意无比的心理释放。

心理学家也告诉我们，对自己不要过于苛求。若把目标和要求定在自己力所能及的范围内，不仅易于实现，而且心情也容易舒畅。

那么，怎样做才能放下苛求，练就一颗平和的心呢？

第一，别想把事情做得完美无缺。

每个人都有能力，但每个人都没有超凡入圣的能力，不贪便是不要超过自己的能力极限，因为欲速则不达。该是你的跑不掉，不是你的得不来，叫做不欲，不过度求取不当的欲念。记着"回家"吧，这就是说，工作告一段落，该回家便回家的人，不贪，因为你懂得还有明天；有些事留给明天，很美，表示明天你还活着；有些责任，留给明天，表示明天你还有事情可做。

第二，凡事顺其自然，不可苛求。

生活中很多事，求也求不来，水到渠便成，顺其自然反而是最好的法则。没有人可以一举成名的，没有人可以马上升官的，没有人想要什么便立刻就能得到的。"等待"是一门重要的秘法，就像花开花落自有时序，不必强求，给一点时间，该有的仍旧是属于你的。

男人渴望实现宏图壮志，期望美好憧憬成真的心态是可以理解的。然而，我们只能够把事情尽力做到最好而无法做得完美，苛求自己只是在自寻烦恼而已。

男人不要走入忙碌的误区

对男人来说，他们崇尚功名，全心投入艰巨繁忙的工作，因为他们害怕被年轻人淘汰，而精神紧张可以制造出一种充实的幻觉。事实上他们是走入了忙碌的误区，这样忙碌的生活，只会使自己越来越沮丧而已。

都市街道上的车流，城市商场里的人群，都急急匆匆地穿梭在由高楼与高楼、办公室与办公室，以及公文、数字、契约、票据、身份证明等构成的立体迷宫中。人们晚睡早起，追逐金钱，追逐名利，追逐声色，追逐事业……经常把自己的家人、朋友冷落一旁，从早到晚，忙个不停，为每一张新增的人民币、每一次晋级的快感、每一个空洞的名声而欢喜，或者为它们的失去而悲伤。而亲情、友情，及至爱情，都被人们踩在了匆忙而疲惫的脚下，塞进了厚薄不一的钱夹中，夹进了厚重的文件里，甚至扔进了垃圾堆中。人们无暇思考，一会儿忙着报考最热门的学科，一会儿又蜂拥着学习最赚钱的技能，一会儿又去寻求最易发财的职业……人们忙碌而又精疲力竭，如同斗牛场上疯狂而又即将倒下的公牛，一次又一次地扑向那炫目的红色火焰，忙碌中不停地欢乐又不断地悲哀。有一位经商的先生，为了不断拓展的事业，而长期在外奔波，忽略了妻子的温柔，忽略了儿子的成长，对他们的寂寞视而不见。直到有一天，积劳成疾的他被送进了医院，诊断结果为癌症。他躺在病床上，望着眼角已爬上细细皱纹的妻子和长得比妈妈还高了的儿子，突然明白自己过去有多傻，多糊涂。用长久的别离换得的优裕的物质生活环境又怎能替代亲人相守的天伦之乐呢？于是，他流着泪向妻儿许诺，只要自己病能好，一家人再不分开，一起去旅游，去看海，去桂林看山水。

后来经过复查发现原来是一场虚惊，自己所患的只不过是良性肿瘤，手术后不久他就出院了。他没有忘记自己的诺言，但公司积压已久的事务亟待他去处理，大大小小的会议等着他去出席，他不由得感叹身不由己。桂林山水只有在梦里相见了！为什么经历了与死神擦肩而过的惊险，还不能抛开种种俗务的纠扰？忙忙碌碌、忧心忡忡的人，为何不问问自己：对于自己和家人来说，什么才是真正要紧的？

要知道，事业只是人生的一部分，缺乏爱与被爱的生活并不完美，或者说，人生的成功自然包含着人人想得到的功成名就，但它并不是最重要的，更不是人生价值的惟一体现，人生最重要的是要活得潇洒，活得健康快乐。明白这一点，对于每个整日为工作而奔波劳碌的人大有必要。他们对于自己从事的工作倾注了无限的精力和时间，因此，无暇亲近他们可爱的亲人，以至于疏远了彼此生命中最为宝贵的感情。他们并非不需要温馨，他们只是想先把眼下的工作完成，所以他们总是对自己说："不要紧，这只是暂时的疏忽，等我忙完以后，一切都会恢复正常的，我会轻松平静下来，我将愉悦地陪伴我美丽的妻子和可爱的孩子，现在再坚持一下就行了……"但事实上他们的这种愿望恐怕很难实现，因为旧的问题解决了，又会出现新的问题。

一位从著名大学毕业的商学博士，为了暂时逃离繁重的工作，来到一个小渔村度假，看见一个渔翁钓了三五条鱼就放下了鱼竿。于是博士上前对渔夫说："这里鱼那么多，你为什么不多钓几条？"渔夫说："今天我家要吃的鱼我已经钓够了。"博士说："你多钓几条，可以去卖嘛。你将鱼拿到市场上去卖，用卖来的钱去买渔船，这样你可以捞很多的鱼，卖更多的钱。"渔翁说："我要那么多钱干什么？"博士说："那你就可以退休，可以想钓鱼就钓鱼，想睡觉就睡觉。"渔夫说："我现在就能想钓鱼就钓鱼，想睡觉就睡觉，为什么还要你刚才说的那些麻烦呢？"

因此，要使生活过得更有意义，更多姿多彩，也并不是什么难题，你首先要学会的是协调生活，做到工作生活两不误，不要因休闲娱乐而耽误工作，也不必做茶饭不享的工作狂。无止境地日夜工作同无休止地追逐玩乐一样不可取，慢慢地你会发现很多工作并非刻不容缓。你只需安排好在适当的时间完成它即可。

一位公司老总在事业正得意的时候，突然辞了职，一个人跑到

第九章　松弛有度
——戒把自己的生活搞得过于忙碌

美国去进修。有人问他："为什么呢？放弃你的事业不觉得可惜吗？"他说："有什么可惜的！人生苦短，做喜欢做的事，而且要想在有限的一生中比别人活得更好些，就要把人生分成一截一截来过。"他解释道："上一截我的主要人生目标是赚钱，现在我认为已经赚够了足以养老的钱，然后这个阶段，也就是今后的五六年，我的主要人生目标就是出国研修、旅游、开眼界，尽享亲情、爱情。再往后的一截还没想好，也许会去写书，也许做更大的生意。每一截人生我都认真投入地去做，这样，我的一生会很丰富，尽可能地实现我想要的生活形态。"

有时候人们之所以容易迷失和苦恼，是因为想要的太多，并且想一下子得到，结果拼命地去做，却把自己局限在一个狭窄的圈子里而不能自拔，并且经常忘记活在这个世上到底是为了什么，只是为了做，还是要充分体验人生？

因此，男人需要时常提醒自己。人生真谛在于走好每一步路，享受每一分温馨。

生活不是紧急事件，我们完全不必自我摧残，对男人来说，除了工作外，还要照顾好家人，不要把生活弄得太紧张，因而造成不和谐的生活。

简化生活你就不会那么累

男人常常抱怨自己活得太累，上有老，下有小，还有堆积如山的工作要去应付，但事实上，很多时候，他们的"累"是自找的，如果不是自己把生活搞得那么复杂，劳累感就一定会少很多。

（1）体力性疲劳，多见于体力劳动者，乃是繁重的体力劳动或过强的体育运动所造成的。此时全身肌肉处于高度紧张状态，产生大量代谢废物（如乳酸、疲劳毒素等）堆积于体内，并随血液循环到达全身，表现为手脚酸软无力，胸闷气短，体能明显下降。

（2）脑力性疲劳，主要见于脑力劳动者。由于长期进行复杂的脑力劳动，大量消耗能量，导致大脑血液和氧气供应不足，削弱了脑细胞的正常功能，表现为头昏脑涨，记忆力下降，注意力涣散，失眠多梦，精神紧张，疲倦忘事等。

（3）心理性疲劳，是由生活高强度紧张与超强压力造成的。由于超负荷的精神负担使心理处于一种混乱与不安宁的状态，表现为情绪沮丧、抑郁或焦虑，精力下降，食欲不振，心跳加快等。

人们的体力劳动强度虽然在不断地减轻，但现代社会日趋激烈的竞争却在不断增加人们的精神负荷。当各种各样的情绪反应超过人的承受限度，或因长期反复的刺激形成持续的劣性应激状态，即心理失去平衡的状态时，必然会引起中枢神经系统的失控，波及内

第九章 松弛有度
——戒把自己的生活搞得过于忙碌

脏使其功能紊乱，从而导致体内的免疫球蛋白减少，免疫细胞和多种酶的生物活性也降低，生化代谢、内分泌功能也随之发生紊乱，等等，这种疲劳比体力性或脑力性疲劳症状更重，危害更大，会对许多身心疾病的发生和加剧起推波助澜的作用。当然，对其消除也困难得多。

快速多变的现代都市生活节奏是一把双刃剑，一方面激发了人们的进取心，锻造着人们的耐力和韧性；另一方面也必然使人们付出高昂的心理代价。尤其是在各种刺激明显增多和人际关系复杂多变等因素的影响下。人们的心理负荷日益加重，由此造成的心理问题也越来越多。所以，就像汪国真写的那样："你要想活得随意些，你就只能活得平凡些；你要想活得长久些，你就只能活得简单些；你要想活得辉煌些，你就只能活得痛苦些。"

在很多时候，我们会忙到没有时间享受生活，似乎一分一秒都在计算之中，也都排在计划之中。我们经常由一个活动赶到下一个活动，对手边正在做的事毫无兴趣，反而对"该做什么"是那么充满期待。此外，大多数人都会想要更大的房子、更好的车子、更多的衣服与更多的东西。无论我们已经拥有多少，总是永远不够。我们对物欲的需求已然是个无底洞。

大多数人都会陷入这种无止境的需求、渴望与物欲当中。似乎许多人都相信多就是好——更多的东西、更多的事情、更多的经验，等等。担心自己跟不上邻居的生活水平，平日沉浸在单调乏味的工作中，最后变得心情沮丧，而且持续着这样的恶性循环，最后生活中只有压力、疯狂的消费与被浪费的时间而已。但是生命的真相真的仅止于此吗？

有这样一个故事：有一次妻子要在客厅里钉一幅画，就请来丈夫帮忙。画已经在墙上扶好，正准备砸钉子，丈夫说："这样不好，最好钉两个木块，把画挂在上面。"妻子遵从意见，让丈夫去找木块。

木块很快找来了，正要钉时，丈夫又说："等一等，木块有点大，最好能锯掉点。"于是便四处去找锯子。找来锯子，还没有锯两下，"不行，这锯子太钝了，"丈夫说，"得磨一磨。"

锉刀拿来了，丈夫又发现锉刀没有把柄。为了给锉刀安把柄，丈夫又去灌木丛里寻找小树。要砍小树时，丈夫又发现家里那把生满铁锈的斧头实在是不能用。于是又找来磨刀石，可为了固定住磨刀石，必须得制作几根固定磨刀石的木条。为此丈夫又到郊外去找一位木匠，说木匠家有一些现成的。然而，这一走，妻子就再也没见丈夫回来。

当然了，那幅画，妻子还是一边一个钉子把它钉在了墙上。

下午再见到丈夫的时候，是在街上，他正在帮木匠从杂货店里往外抬一台笨重的电锯。

工作和生活中有好多像这位丈夫那样走不回来的人。他们认为要做好这一件事，必须得去做前一件事，要做好前一件事，必须得去做更前面的一件事……他们逆流而上，寻根探底，直至把那原始的目的淡忘得一干二净。这种人看似忙忙碌碌，一副辛苦的样子，其实，他们不知道自己在忙什么。起初，也许知道，然而一旦忙开了，还真的不知忙什么了。

在人生的旅途中，每过一个时期，或每走一段路程。不妨回过头来看看自己的身后。看看在太阳落山之前是否还能走回去，或干

脆停下来，沉思片刻，问一问：我要到哪里去？我去干什么？这样或许可以活得简单些，也不至于走得太远，失去现在，失掉自我。

为此，需要提倡简单生活，简化生活。简化生活不是完全抛弃物欲，清心寡欲，过一种苦行僧式的清苦生活，也不是要学梭罗带上一把斧子，走入森林，做一名当代隐士。而是在欲望之上自我设限，鼓励自己认清生活的真相，学会在人生的各个阶段中定期抛开包袱，随时寻找减轻负担的方法。比如，有时候简化生活代表着你会选择住一间便宜的小公寓，而不是拼命挣扎着要买一间大房子。这样的决定可让你的生活轻松自在，因为你有能力负担便宜的租金。另外一种简化生活的例子是吃得简单、穿得简单、生活得简单。

简化生活也不是让人抛弃期望，降低人生的目标，而是尽量悠闲、舒适。你的人生目标尽可以高远，但要记住的是，人生的目标应该是促进生活的品质，而不是相反。生命里填塞的东西愈少，你就会生活得更自在、更轻松、更简单。

人生如舟，承载着所有的欢乐与哀愁，在岁月的长河中，能决定命运的只有你自己，因此别让太多的重压拖累了自身的生活，试着让生活更简单一点吧，把欲望的沉重、失意的惆怅、进退维谷的困惑通通扔掉。

工作累了就大胆出走

作为男人，万虑集于一心，万劳聚于一形，每天除了工作还是工作，很多人因此感叹，一工作起来就再也轻松不起来了。果真如此吗？未必。从身心健康的角度来说，男人不能让自己始终绷紧神经，如果工作倦了、累了，就应该放下工作大胆出走，偶尔的"翘班"换来的会是一身轻松。

自从走出校园踏上工作岗位那天起，男人便进入了无穷无尽的工作状态。一周5天，朝九晚五，机械化的工作就这么一而再、再而三地重复进行下去。日子一长，对工作倦怠的心态便从此而生。

在一家房地产公司做高级职员的陆涛，参加工作9年，一直是一个不折不扣的工作狂，但是从今年春天开始，他突然厌倦工作了，不想上班，特别是在长假或双休日过后，一想到上班就想哭。早上听见闹钟一响，就觉得心烦，出了门，心就开始发慌，觉得胸闷、头晕、气短，觉得上班简直就是冒险，但一想到还得供房，又不得不打点行装往公司走。

女人如果觉得倦怠了，只要条件许可，她就可以在家里做一个全职太太，这不会遭人非议，更重要的是男人也会觉得这是很正常的。可男人不行，还没有听说哪个正当盛年的男人不工作歇在家里做全职老公的，就是有，长时间如此，估计结果也不会很乐观，因为没有一个女人会愿意和只靠老婆的男人生活。更何况有些男人往往都已经成家立业，可谓是上有高堂，下有儿女，中间有娇妻，所以不得不咬紧牙关，硬撑着每天去工作。然而事实证明，如果一个人总是处于超负荷工作的状态，持续下去，对工作、对自己的身心都是一种伤害。

与其在每天疲累工作之后，让不想工作的念头折磨着心灵，还不如从现在开始，调整好心态，让不想工作的痛苦离你远去。因为身处工作、生活方式激荡变革的"后工作时代"，每个人都可以有更加自主的选择。

每个人不想工作都有自己的理由，如果你患有这样的"上班恐惧症"，即在精神高度紧张的工作中，期待着每周两天的休息日，而每到周日晚上，又会对即将到来的工作日产生恐惧，那你就可以和工作说拜拜了，至少是暂时的。

心理学家告诫我们，不想上班时就不上，可以去读书充电，也可以请假去旅游，最终的目的都是放松自己。要知道，只有以饱满的状态去工作和生活，人生才是有质量、有意义的。

对于觉得自己的知识不够的男人，可以选择重新走入校门，久违的校园生活会让你的心态变好，这样，一段时间后，你会发现，不但自己整个人精神好了很多，还获得了很多的知识，当你再回到工作中时，你完全可以选择一份比目前的待遇好很多的工作，既调整了心态，又使自己的事业迈上了一个台阶，岂不是两全其美。

有一些男人对于自己的现状很满意，就是觉得工作压力太大了，那也很好办，外出旅游好了，留恋于山水之间，徜徉在历史积淀的文化中，又有什么放不下的呢？如果暂时脱不开身，那就权当目前的工作是为自己攒旅游费好了，有了那么诱人的目标，工作起来应该不会很痛苦了吧？

不要对自己太吝啬，总是觉得辛苦赚来的钱舍不得花，因为还要买房子，还要买车。要清楚一点，那就是只顾向前冲，却从来不加油的车是跑不了多远的，只有给自己适时的放松，才能以良好的状态投入到以后的工作中去，也只有良好的工作状态才会给你带来良好的收入，所以说，一定数量的消费和钱财的积累并不矛盾。

当然，如果你有良好的心理承受力和充分的物质准备的话，完全可以换一种工作模式，做个潇洒的 SOHO 吧，马先生就是这其中的受益者。这个打过高级工，也曾经当过老板的人现在在网上开了一家小店，不但店铺经营得有声有色，还可以每天自由地安排工作、生活和与家人相处的时间。他说自己对现在的工作是甘之如饴，再也不想过那种每天打卡上班，经常超时工作的梦魇般的日子了。

对于一段时间内还不能放松的上班族来说，要克服上班恐惧情绪，可以从生活内容、作息时间两方面作出相应的调整。深呼吸是一个最好的办法，早晨起床时，工作间歇中，总之，感到任何不爽时，都可以做几次深呼吸，吐故纳新有助于缓解紧张的心情。给自己每天的工作作一个安排，每做完一件事，就打一个勾或者圈掉，看着那些工作一点点地被自己划掉，成就感会油然而生，焦虑感也会逐渐消失。这也算是暂时缓解焦虑的一个小处方吧！

感到疲惫时，就应该主动放松，放松过后，还要全心投入工作。男人要明白，放松无罪，但是要把握度，不要让放松变成了放纵。

不要忘记给自己留下享受的空间

事业对男人来说是不可或缺的，男人对事业的追求就像女人对美貌的追求一样，恐怕永远都不会有满足的一天。但是不要忘记，除了工作，你还需要留下时间陪伴家人，做自己喜欢的事情。

请认真回答这个问题：你一天平均工作几个小时？10 小时、12 小时，还是夜以继日、无休无止地工作？对男人来说，现在拼命工作，是为了将来可以"少干活"或"不必工作"，希望有朝一日能整天游山玩水，过着享乐的日子，所以现在才努力工作。但对某些人来说，他们之所以工作，是因为他们无法从工作中自拔，就像一台高速运转的机器一样，完全无法让自己停下来。

如果你属于前者，那说明你还正常。但如果是后者，恐怕你已经对工作着魔，并犯了对工作上瘾的毛病。换言之，你已经变成了一位彻头彻尾的工作狂。

也许你会解释说："我这是热爱工作。不是什么工作狂。"那么，我们不妨来听听看，"工作狂"与"热爱工作"有什么不同。根据心理专家解释，一个热爱工作的人，不见得就会对工作上瘾；相反，一个工作上瘾的人，未必就热爱工作。如果一个人不论吃饭、睡觉、读书、聊天、玩乐的时候，心里都每时每刻想着工作，就可以肯定，这个人 100% 是工作狂了。

其实，每一个工作狂都有不同的工作动机。如有些人嗜好工作中的侵略性；有人依赖井然有序的工作来满足被动心态；也有人是想借工作来麻痹自己；还有的人则是因为激烈的竞争需求，用工作代表胜利，觉得自己高人一等。

事实上，你要不要变成工作狂，完全由你决定。你必须相信一件事，虽然有很多的书籍以及专家教导我们要热爱工作，但你不要错误领会，那绝对不是要我们变成工作的奴隶，完全被工作操控，而是要我们去做工作的主人。

车尔尼雪夫斯基说过，人必须有一个无法放弃、无法搁下的事业，才能变得无比坚强。是的，一个事业有成的男人，经受了无数的风浪，积累了经验，这时男人的心理承受力要比从前强得多。一个事业有成的男人，无论走到哪里都会是人们关注的焦点，他由于自信而使自己与众不同，可以说，事业是一个男人最好的妆饰品，一个矮小不起眼的男人可以因为事业有成而显得威武高大。事业虽好，但要注意，事业只是人生的一个部分，它不能成为一个人的全部。

很多男人为了实现人生的满足感而立志成就一番大事业，他们使尽浑身解数去追求目标，因此忽略了身边的一切，婚姻、家庭、孩子……当他们最终的事业目标完成后，却发现有些得不偿失。因为他费尽心机获得的事业成功，虽然给他带来了丰厚的物质享受、高人一等的风光甚至是令人羡慕的高官厚禄，却忽略了甚至是失去了家庭的温馨、妻子的关怀体贴和儿女绕膝的天伦之乐。这是因为当一个人的注意力全部集中于一种事物时，他根本就无暇顾及其他。

英国有一位名叫约翰·拿瑟夫的年轻人，30来岁只身来到美国求发展，经过 40 年的拼搏，他成了当地远近闻名的"生意大王"，积累了几十亿美元的财富，他创办的公司遍及美国和欧洲各地。但他本人却一生未婚，因为他的精力都花在事业上了。在他 71 岁临终前，他对前来继承他遗产的外甥说："我对我的生意和财富感到很满足，但终生没能享受到家庭的乐趣却让我无比遗憾。"

与此相反，一个普通的上班族却这样描述他的事业：我一直想要找个机会再进修，可是每次我都让进修的机会与我擦肩而过，因为求学就必须牺牲我和家人团聚的时间，我的工作很无趣，而且它耗尽了我的精力。我曾经因此一直抱怨不休，可是有一天我跟平时坐在餐桌上一样，听两个已经 7 岁的双胞胎儿子一边吃饭一边讲述他们在学校里的事情时，我忽然发现，我用了几年的时间哺育了两个如此快乐而又有教养的孩子，这难道不是我的成功吗？在那一瞬间，一种深深的满足感和成就感充盈了我的内心。从此我再也没有抱怨过我失去了进修的机会，因为我发现，任何高尚的工作、大房子，都无法换来我的这种成就，它让我获得了前所未有的满足。

很多男人往往给自己定了一个太高的目标。我们不否认人要有追求，可是当一个人的目标定得过大过高的时候，他就会因为一味地追求自我的认同、满足、成就、权力和挑战，而忽略了自己其他方面的需要以及与他人互动所获得满足的情感。一味追求事业的男人并不可爱，他们冷酷、无情，为了达到目的不择手段。在他们眼里，获得事业的成功是最重要的，其他的一切都不重要，他们要的只是这种成就感和满足感，就像在不停地重复的机械运动，说不清自己的目的是什么，但却无法停下来。男人为了事业的成功而随时绷紧神经，承受着巨大的心理压力。曾经有一位事业狂的男人，生意越做越大，因为精神极度紧张，在一次一笔大数目的生意失败后，精神崩溃，走上了自杀的绝路。

教训是惨痛的，男人不要也不应该成为事业的机器，要学会把自己的眼光从事业上移开，多关注自己的家人、朋友，甚至是给予陌生人一个小小的帮助，都会让你产生满足感。你会发现，原来自己的周围除了事业，还有那么多美好的东西值得你去追求。

男人应该关注事业，但不要让自己成为一个工作狂，应该学会在生活与事业中寻找一个平衡点，既可以在事业上有所成就，又可以享受轻松自在的生活。

忙里何妨偷点闲

活得最累的是男人，在社会，他是中坚，怯懦不得；在家庭，他是柱石，动摇不得。为了不负众望，男人只好使尽浑身解数去较量角逐，直至身心交瘁。其实相较于事业、地位来说，健康才是最重要的。何必让自己终日疲惫不堪呢？忙里也要偷闲放松一下。

拼命工作，永无止境，如同奔跑在一条环形的跑道上——无论你怎样坚持，实际上却怎么也找不到起点，也永远没有终点。于是，人就不再称其为生活的人，已经变成了工作机器——似乎只需要持续地工作就行了。

生活中，造成人们这种经常性精神紧张的原因，主要源于自身

第九章 松弛有度——戒把自己的生活搞得过于忙碌

定力的缺乏。人们还不习惯松弛大脑，总是把注意力放在"下一步该做什么"上：进餐时，似乎忘记了口中佳肴的美味，却一味琢磨着"将会上什么甜点？"甜食端上餐桌后，又开始考虑晚餐后"晚上该做什么？"晚上，又思索周末的安排。

而下班后，当我们带着一身的疲惫回到家中，不是躺下休息片刻，陪家人聊聊天，而是立即打开电视查看股市信息；拿起话筒与人通话谈论第二天的工作安排；翻书开始阅读；或是开始打扫卫生……我们真的是害怕"浪费掉"哪怕只是一分钟的时间，我们似乎总是在为将来而生活，为幻想中的美好前景而生活。

但是，一个人如果生活之弦总是绷得很紧，就会觉得日子平淡乏味，并且很容易产生"疲劳综合征"。因此，人生既需要努力拼搏，也需要善于休息和娱乐，学会享受生活，从而在平淡的日子里产生出一种不平淡的感觉。

美国东部的一个小镇上，人们的生活方式就是这样的：他们很少有事"去做"，并会对你说："无事可做对你有好处！"你可能会认为主人是在跟你开玩笑，"我为什么要空耗时间，选择无聊呢？"但主人却很认真地告诉你：如果你能给自己分出一点闲暇，花上一个小时或短一点的时间什么事都不做不想，你将不会感到无聊与空虚，你会体会到生活的轻松愉悦。也许开始时你很不习惯——毕竟你是忙惯了的人，如同一个生活在大工业城市的人初到乡间时会对新鲜空气很不适应一样。但只要坚持做下去，就能体会到放松身心的好处。

如果放慢脚步，你就会发现在这个世界上，其实有许多美丽可爱之处值得我们发现和欣赏。北宋时期著名学者程颢在《春日偶成》

诗中写道："云淡风轻近午天，傍花随流过前川。时人不识余心乐，将谓偷闲学少年。"在云淡风清，晴朗和煦的春天，正是接近中午的时分，诗人信步走到了小河边，田野里、河岸边，一簇簇的野花沐浴着春日的阳光，灿烂盛放。河边的垂柳更是在春风里轻柔地摇摆着。旁人看到诗人这么悠闲，还以为诗人聊发了少年狂，像年轻人那样贪图玩乐呢！哪里知道诗人此时此刻心情的惬意恬静呢？此时此刻，春天大自然的明丽柔美，与诗人自得其乐的闲适心情，有机地融为一体。

当然，我们并不是想让大家学着偷懒，而是学会一种生活的艺术——忙里偷闲，享受生活。而要做到这一点，无需探寻任何技巧，而且随时随地都可以做到，只要允许自己偶尔忙里偷闲，无事可做，然后有意识地坐下来，停止手中的工作就可以了。

英国的一位经理人曾说过："当我脱下外套的时候。我的全部重担也就一起卸下来了。"我们要学会在日常的生活和工作中，善于脱下乏味和疲劳的外套。除了利用休假旅游和娱乐之外，在办公室里自我调节也有不少"脱外套"的方法。你可以望望窗外的景致，也可以体味一下大脑的思维和感受，一切顺其自然、不加控制即可。还有一位大公司的总裁经常在工作紧张的空隙把房门紧闭，在办公室内跳椅子，美其名曰"室内跨栏"。大发明家爱迪生在枯燥的千百次实验中，常常用两三句诙谐的笑语逗得大家哈哈大笑，前仰后合。而林肯更胜一筹，他能在事态严重、大家精神紧张、面临很大压力的时候，用诙谐的语言或幽默的举动，将阴云密布的局面冲破，以使大家心情放松、思想活跃，寻找出解决难题的最佳方案。

实际上，许多真正的成功者，都是忙里偷闲的行家里手，都是

第九章 松弛有度
——戒把自己的生活搞得过于忙碌

心态健康平和的人。他们或者每天至少抽十几分钟空闲进行沉思或神游，或者不时亲近一下大自然，再不然就躲进洗澡间舒舒服服地泡上半个小时，让自己放松下来。

一位医生举起手中的一杯水，然后问因劳累过度而住院的病人："你认为这杯水有多重？"病人回答说大概 50 克左右。

医生则说："这杯水的重量并不重要，重要的是你能拿多久？拿一分钟，一定觉得没问题；拿一个小时，可能觉得手酸；拿一天，可能得叫救护车了。"

其实这杯水的重量是一直未变的，但是你如果拿得越久，就觉得越沉重。这就像我们承担的压力一样，如果我们一直把压力放在身上，不管时间长短，到最后，我们都会觉得压力越来越沉重而无法承担。

"我们必须做的是，放下这杯水，休息一下后再拿起这杯水，如此我们才能够拿得更久。"

美国哈佛大学校长来北京大学访问时，曾经讲了一段自己的亲身经历。有一年，校长向学校请了三个月的假，然后告诉自己的家人："不要问我去什么地方，不要管我生活得怎样，我每个星期都会给家里打个电话，报个平安。"

校长只身一人，去了美国南部的农村，尝试着过另一种全新的生活。他完全抛弃了自己的身份，到农场去打工，去饭店刷盘子。在地里做工时，背着老板吸支烟，或和自己的工友偷偷说几句话。这些有趣的经历，都让他有一种前所未有的愉悦。

到最后他在一家餐厅找到一份刷盘子的工作，干了几个小时后，老板把他叫来，跟他结账："没用的老头，你刷盘子太慢了。你被解雇了。"

"没用的老头"重新回到哈佛。回到自己熟悉的工作环境后，他觉着以往再熟悉不过的东西都变得新鲜有趣起来，工作成为一种全新的享受。更重要的是，回到一种原始状态以后，就如同儿童眼中的世界，一切都那么有趣，也不自觉地清理了原来心中积攒多年的垃圾。他的做法可谓别具一格。

其实我们应当每天都安排好自我放松的时间。让身心得到休息，一般30分钟即可，如心情过度紧张，可酌情延长。可以每隔一段时间和爱人讨论一下家务事，这种经常性的沟通不仅能增进夫妇感情，消除不必要的误会，也可以及时发现问题并妥善解决。休闲时多看喜剧，听听音乐，保持心情愉快。工作未完之前，不要给自己一再加码，因为工作超出自己能承担的限度，最容易让人心烦意乱。而适度的放松，工作起来才更轻松、更有成效。

生活中，没见过一根绷得过紧的琴弦不易断；没见过一个日夜精神高度紧张的人不易生病。因此不要把自己搞得心烦体倦，再忙也要给自己留点空闲时间。

休息并非是在浪费生命

对一些男人来说，休息简直就是奢侈的享受，他们整天忙于工作，并且认为忙碌是成功男人的标志。这种男人走入了一个误区，

其实休息放松并非是浪费生命，而是为更好地工作而充电。

中国有句俗语："磨刀不误砍柴工。"西方的哲人也告诉我们："不会休息的人就不会工作。"这就是说休息其实是在为身体充电，只有身心都获得放松后，你才能够集中精力更好地工作。

在这个快节奏的社会中，我们每个人都无暇自顾，但至少有一点我们必须而且应该能够做到，那就是注意休息。这不是浪费生命，而是再造生命。

过度疲劳可以说是疾病的代名词，研究证明，疲劳容易使人产生忧愁，而且会降低身体对一般感冒和疾病的抵抗力，疲劳也同样会降低你对忧虑和恐惧等感觉的抵抗力。因此，从某种意义上说，防止了疲劳也就防止了忧愁，防止了失落感。

疲劳是一种精神和情绪上的紧张状态，一般来讲，在完全放松之后，它就消失了。

防止疲劳，就是要好好休息，在你疲劳产生之前好好地休息。

美国陆军曾经做过好几次实验证明，即使是年轻人，经过多种军事训练强壮的年轻人，他如果不带背包，每小时休息10分钟，那他们的行军速度就会增加一倍。

约翰·洛克菲勒保持着两项惊人的纪录，他赚了世界上数量最多的钱财，而且还活到了98岁。

他的秘诀是什么呢？

很简单，一个是遗传，他们家中世代长寿，另一个原因就是他每天中午都要在办公室里睡上半小时的午觉。他就躺在办公室的大沙发上，这时不论是什么重要人物打来的电话，他都不接。

"二战"期间，丘吉尔执政英国的时候已经六七十岁了，但却能每天工作 16 个小时，坚持数年指挥英国作战。他的秘密又在哪里呢？

他每天早晨在床上工作到 11 点，看报告，发布命令，打电话，甚至在床上举行重要会议，吃过午饭后，再上床午睡 1 个小时。而在 8 点钟的晚饭前，还要上床去睡上两小时，他根本就不需要去消除疲劳，因为毫无疲劳可言。正是由于这种间断性的经常休息，他才有足够的精力一直工作到深夜。

因为人体的结构特殊，所以只要有短短的一点休息时间，就能很快地恢复全力。即使是 5 分钟的瞌睡，也至少能支持人 1 小时的精神。

不仅身体的疲惫要靠休息来放松，精神的紧张同样需要休息来平复。

让我们来看一个用猿猴做的实验。实验者把两只猿猴分别放在两个笼子里，在笼子的底部接上电线，每通一次电，猿猴就要遭到一次很痛苦的打击。随后，实验者在其中的一个笼子中安装上电钮。在通电之前，只要按一下电钮，就能把电流切断。把一只猿猴关进这个笼子后，它很快就学会了使用这一机关。于是，它就在笼子里拼命地按电钮。但是，每次通电并不是按照一定规律进行的。这一点，猿猴却无从知晓。所以，如果它运气好的话，按一下电钮就能避开电击，否则的话，只有遭受痛苦的电击了，而关在另一只笼子里的猿猴却什么也不做。

实验者们通过一段时间的观察，发现有电钮笼子中的猿猴属管理型的，而另一只则是被管理型的。管理型的猿猴总是拼命想解决那些难以解决的问题。结果，实验持续两周以后，通过检查发现，管理型猿猴的胃里到处都是溃疡，而被管理型猿猴的胃则是完好无缺的。

两只猿猴接受的电击量是相等的，它们体验的痛苦也是相等的。虽然，管理型的猿猴拼命躲避电流打击，但它的努力毫无结果。拼命解决那些难以解决的问题，只能给自己造成巨大的精神负担，这就是造成胃溃疡的原因。

今天，我们所处的地位与那只管理型猿猴相似。上级给自己下达了很多必须完成的任务，下级却有许多在短时间内无法解决的困难。因此，工作就不能按想象的那样去进展，这就造成我们整天为自己办事没有效率、工作能力不强等问题苦恼。总考虑这些事，自然心情不佳，精神负担也就越来越重，因此，他们就很可能患病。

长时间的工作而没有调节，绝对有害于人体的健康。当一个人工作太久时，精力就会耗竭，厌烦逐渐侵入，而身体感受到的压力和紧张逐渐增加。如果不改变一下工作的步调，很可能就会造成情绪的不稳定、慢性心智衰弱症、心痛、忧烦，以及对一切都感到冷漠等的毛病。

当然，调节并不一定要休息，转换去做不同的工作也可以像休息一样达到消除紧张的效果。从脑力劳动转换去做几分钟体力劳动，也可以达到调节的效果。绕着办公室或在街上走一两圈，也是能迅速恢复精力的一种调节。从坐姿改为立姿，也可以破除单调激发出体力。肌肉运动——用力拉紧各部分肌肉——可以在办公桌旁做，它是在工作中获得调节的一种好方法。

不过，完全的休息是最好的办法，而你不应该认为复原的休息是浪费时间。其实，调节一下，不仅可以提高你的办事效率，而且也可以减缓紧张，对你的健康有益。

休息也是有技巧的，不要让自己累到精疲力竭才去休息，而是要在感到疲劳之前先休息，如果你希望在老年时仍然保持旺盛精力，那么就一定要明白这个道理：你休息得越多，你的精力就会越旺盛。

学会从忙碌中释放自己

忙，是男人的共同感受。早晨一睁开眼，紧张忙碌的生活就开始了。人们步履匆匆，总觉得生活充满十万火急的紧急情况。好不容易下班了，可还要把一些未做完的工作带回家去做。而做家务，指导孩子学习，又是一场战斗，忙得腰酸背疼……

日子就这样一天天地过去了。有一天我们偶尔停下来一想：哦，我已经很长时间没有和妻子去电影院了！上次和朋友一块儿去爬山，多快活呀。只是那是在 3 年前，还是 5 年前？

作为男人，我们好像失去了生活的目标，每天就是在"与时间赛跑"，好像有一支无形的"枪"在抵着我们的后背，命令我们："立即做好这件事！""立即做好那件事！"……我们像可怜的牛马，被无穷无尽的事务驱赶着……

忙碌首先影响着我们的健康：食欲不振，缺少睡眠，心脏病，高血压，神经衰弱……

我们也淡漠了亲情、友情：我们挤不出时间常回家看看，更谈

第九章 松弛有度

——戒把自己的生活搞得过于忙碌

不上给爸爸捶捶背、帮妈妈洗洗碗，同样也没有时间带孩子去游乐场玩儿个痛快……

我们还丢掉了自己的许多爱好和乐趣，例如读书、下棋、散步、体育锻炼……

随着现代科技的发展，我们拥有了电脑、手机、因特网、汽车……我们本以为这些东西可以减轻我们的忙碌，谁知它们又给我们的生活带来了新的忙乱。

手机随时随地能让我们"招之即来"，蜗牛似的网络速度耗去我们本不富裕的时间，汽车的擦洗保养成了双休日的重要作业……我们更忙了，我们也更累了。

英国的一位中年记者这样写道：尽管人类的身体并没有发生变化，但现代人睡眠的时间却越来越短，而且睡眠质量也在下降。白天的时间被延长，首先是因为有了火，后来是电灯，现在则是玩电子游戏、上因特网聊天、看电视或繁重的工作。现在的人比20年前的人睡眠时间减少了20%。现在的社会已经变成了一种"24小时的社会"，一切都在持续不断地运转。

我们真的必须这样忙碌吗？有些事我们不做或放到明天再做行不行？我们有必要把自己搞得这样紧张吗？

有位女士因为应付不了日常生活的忙碌紧张，来找心理医生。她描述了从起床到上班这段时间要做的一系列事，其中有一件事是整理床铺。医生建议她试试两周不整理床铺。她当时很吃惊，但还是接受了这一建议。两周后，她笑容满面，轻快地走进医生办公室。她40年来第一次不用整理床铺，结果什么灾害都没发生。她说："你猜怎么着，我现在也不把餐具擦得锃亮了。"

明人陆绍珩说，世上的事情是无穷的，你越干事情会越多。而我们的人生是有限的，这就要我们有所选择地去做事。越能这样找到休闲，生活就会越轻松有趣味。

那位女士学会了选择，她也容许自己不必十全十美。

她从忙碌中解放了自己。

曾有位智者说：在尘世中奔波忙碌，容易生病。病了，才能卧床享受一下欣赏青山的清福。人生一世，要常常吟诗歌唱，这样在操笔时就能写下"阳春白雪"般的佳作。

难道你也准备在累病了以后才想起"伏枕看青山"吗？为什么不现在就把工作表划掉一部分，给自己留出那些必须留的时间和空间呢？包括每天定时进餐，充足的睡眠，有时间与家人共处，与友人约会，读书，还有其他的种种爱好。

你需要给自己要做的一大堆事情排定一个优先顺序，随时自问：什么才是要紧事？这将非常有助于自己把握正确的生活轨迹。否则，你会发现自己很快又忙乱起来，迷失在一堆杂务之中。知道"什么才是要紧事"，你就会发现，你现有的某些选择与你既定的生活目标冲突，你就完全可以把它们从你的工作表中划去。

美国包登公司的总裁养成了每天走过 20 条街去他办公室的习惯，他才不急匆匆地坐汽车赶时间呢。联合化学公司董事长康诺尔偏爱原地慢跑，一直保持着标准体重。日本岩田屋的中牟田荣藏总经理每天早晨 5 点起床，带着扫把，打扫自家周围 300 公尺的道路。他扫了 20 年的路。他说，这不仅使他身心舒畅，而且和附近的人们建立了良好的关系。东芝电器公司总经理鹤尾勉在公司从不乘电梯而爬楼梯，以此来锻炼身体，也利用这点时间思考问题。他认为没必要为节约那么几分钟而去坐电梯。

在海外的华侨商人大都有业余玩麻将的嗜好，这不是因为他们好赌，想依靠赌博来赚钱（当然，也不排除有少数赌徒在其中）。他们都有自己的买卖和生意，打麻将纯粹是业余嗜好。这对他们而言，至少有三种作用：一是放松身心，"偷得浮生半日闲"，以此摆脱激烈竞争的压力。二是联络家人、员工和生意合伙人的感情。三是在打麻将中领悟生意经：麻将桌上，风云变幻，机会稍纵即逝。要从全局出发，深思熟虑，准确判断，把握机会，打出自己的牌。麻将桌可以磨炼他们的判断力和应变力，因此他们乐在其中。他们玩牌却不丧志，很有分寸，极少在麻将桌上一掷千金地豪赌。玩得起，放得下，完全是游戏态度。他们没有把自己变成一天到晚忙忙碌碌的赚钱机器，他们享受着休息，享受着天伦之乐、友情之乐，也享受着游戏之乐。

所以，我们要学会从紧张忙碌中把自己解放出来，排解掉紧张工作中无谓的烦恼和苦闷，给自己一个宽松的心境，你会觉得工作起来更有劲头。

"活得太累"都是自找的

并非所有的男人都认为自己"活得太累"，生活只是按照它本身的规律在运转，只要把握好节奏，生活就会变得轻松。那些抱怨活得太累的人是他本人活得太累。

生活的涵盖量很大。生活中，你要为衣、食、住、行去奔忙，要去应付各种各样的事，要去与各种各样的人相处。可谁保证你所接触的事都是好事，你所遇到的人都是谦谦君子？生活中必然要有这样或那样的事，有喜就会有悲，有幸运之神也会有不幸的降临。人也是如此，生活中事物都是相对的，有君子就有小人，有高尚之士就有卑鄙之徒。只有各种各样的事、各种各样的人糅合在一起，才能构成色彩斑斓的世界，也只有这样的生活才是有滋味的。

在生活中，面对着各种各样不合自己心意的事，与各种各样不与自己性格相符的人相处，你会采取什么样的态度呢？是坦然、磊落、轻松地对待，还是谨小慎微，抬头怕顶破天，走路怕踩到蚂蚁呢？大家必须明白的是，不要让自己长期生活在紧张、压抑之中，不要让自己的生活之弦绷得太紧，也就是别活得那么累。必要的时候，放松一下自己，轻松地活着。

生活是公平的，对谁都是一样，没有绝对的幸运儿，更没有彻底的倒霉鬼，你有这样的不幸，他还有那样的烦心事；别人有那样的好机会，你还会有这样的好运气。所以，千万别把自己想得那么悲惨，更不要把自己缠绕在自己织的悲观网中，挣扎不出来。

感觉生活太累的人一般都是一些过于敏感者。每说一句话都要考虑别人会怎么看待自己，会不会因为这一句话而伤害某人；每做一件事都要瞻前顾后，生怕因为自己的举动给自己带来不好影响。工作中，对领导、同事小心翼翼，生活中对朋友万分小心。其实，你的周围有那么多人，而每个人的脾气都不一样，你不可能做到使每个人都满意。即使你样样谨小慎微，还是有人对你有成见。所以只要不违背常情，不失自己的良心，那么挺起胸膛来做人做事，效果恐怕比那样更好。

感觉活得太累的人往往不能很好地调整自己的心态，每遇不幸之事发生时，不能辩证、乐观地去看待，而是容易对生活产生悲观想法，似乎世界末日就要来临了。哪怕是看电视时看到某地发生了地震，死了许多人，也会紧张得要命，夜里不得安睡，总是疑心地球要爆炸了，说不定哪天自己就要骑鹤飞去了。这不是杞人忧天吗？

如果长此以往，总是让自己生活在心情沉重、感情压抑之中，那将是非常可怕可悲的事。处处都要考虑得失，时时都要注意不必要的小节，你还有更多的时间去干大事，去成就你的大事业吗？回答当然是否定的。因为你连很小的一件事都要左思右虑，时间就在你的犹豫中溜走了。也许，当你老了的时候，你回过头来会发现自己是那么渺小，两手空空，一事无成。到那时，你也只有空悲切了。

感觉生活太累的人，必然看不到生活中美好、快乐的一面，更感觉不到生活的乐趣。因为他的时间统统用来盯住自己周围狭小的一点空间，而无暇顾及他事。而且，他的生活是非常被动的，因为他不愿主动去做什么，这样的生活不会是幸福的，更没有快乐可言，这样的生活是沉重的。

活得累的人很少有幽默感，更不会去放松自己，惟恐别人以为自己对生活不严肃。活得累的人就像身上穿着一件厚重的铠甲，既不能活动自如，又不能脱去它，因为它太沉了，压在身上重如千斤。活得累的人就像永远戴着一副面具，这副面容在人前谨小慎微，在人后愁眉苦脸。

既然让自己活得累是件很痛苦的事，既然生命对我们来说又是那么宝贵、那么短暂，我们何不换一种活法，活得轻松、幽默一点，努力去感受生活中的阳光，把阴影抛在后头。即使工作任务很重，也要抽出一点时间来放松一下自己，那样会对你的工作更有益处。

林肯的书桌角上总有一本诙谐幽默的书籍放在那里，每当他心情抑郁烦闷的时候，便翻开来读几页，这样不但可以解除烦闷，而且还能使疲倦消除。乐观地对待生活，更使他充满自信。美国富翁柯克在 51 岁那年，把财产全部用完了，他只得又去经营、去赚钱。没多久，他果然又赚了许多钱。他的朋友既羡慕又惊异，问他道："你的运气为什么总是这样好呢？"柯克回答说："这不是我的幸运，乃是我的秘诀。"朋友急切地说："你的秘诀可以说出来让大家听听吗？"柯克笑了："当然可以，其实也是人人可以做到的事情。我是一个快乐主义者，无论对于什么事情，我从来不抱悲观态度。就是人们对我讥笑、恼怒，我也从不变更我的主意。并且，我还努力让别人快乐。我相信，一个人如果常向着光明和快乐的一面看，一定可以获得成功的。"

没错，乐观、豁达可以使人信心百倍，即使是天大的困难，也能够克服。

多一点幽默感，那将使你觉得生活乐趣无穷。幽默并不等于笑话，一个油嘴滑舌喜欢说笑话的人并不一定有幽默感，相反，一个性格拘谨的人如果遇事豁达，则必定有不少幽默细胞。做人就应该多培养点幽默感，这是人类的特性之一。人生中有那么多不如意的事，能够有点幽默感，日子岂不好过得多。

生活并没有你想象的那么累，只要你学会以乐观、轻松的心态去面对生活，那么你就会生活得轻松许多。

第九章 松弛有度
——戒把自己的生活搞得过于忙碌

劳逸结合才能提高工作效率

我们强调放松、强调劳逸结合的重要性，就是因为一个人只有在头脑清醒的状态下工作，才会是高效率的，否则，就算我们花费在做事上的时间再多，效果也会很差。所以，保持清醒的精神状态对我们来讲相当地重要。

有这样一个小故事：有个伐木工人在一家林场找到一份伐树的工作，由于薪资优厚，工作环境也相当好，伐木工很珍惜，也决心要认真努力地工作。

第一天，老板交给他一把锋利的斧头，划定一个伐木范围，让他去砍伐。非常努力的伐木工人，这天砍了18棵树，老板也相当满意，他对伐木工人说："非常好，你要继续保持这个水准！"

伐木工听见老板如此夸赞，非常开心，第二天他工作得更加卖力。但是，不知道为什么，这天他却只砍了15棵树。

第三天，他为了弥补昨天的缺额，更加努力砍伐，可是这天却砍得更少，只砍了10棵树。

伐木工人感到非常惭愧，他跑到老板那儿去道歉："老板，真对不起，我不知道为什么，力气好像越来越小了。"

老板温和地看着他，问："你上一次是什么时候磨斧头的？"

伐木工望着老板，诧异地回答说："磨斧头？我每天都忙着砍树，根本没有时间磨斧头啊！"

"当你从 18 棵树的成绩降低到 10 棵树时，就表示你必须找出时间，磨一磨你的斧头了。"

多一点时间休息，多花一点时间增强实力，你才能头脑清醒，事半功倍，让每一分每一秒都在你的掌控之中。

获得清醒状态最好的办法，当然是休息。一个人只有休息得好，才有可能精力充沛地投入到工作中去。问题是，我们很难获得高质量的休息。

高质量的休息，就是要达到能将自己的身体和精神处在一种松弛的状态，在这样的过程中，我们的身体机能和精神状态都能够得到恢复。获得高质量的休息，不是一件容易的事情。最主要的原因在于我们很难做到"该做事的时候做事，该休息的时候休息"。其实我们要做的事，并没有多到一点儿休息的时间都没有，并没有多到连吃饭、去厕所、搭公交车，甚至睡觉的时候都要为做事伤脑筋。但是做事带给我们的紧张情绪却被我们毫无保留地带到了做事以外的生活中。休息的时候，我们的脑海里面还是缠绕着有关于工作事情的种种细节，我们还是在下意识的惯性作用下，处在做事的状态中。尽管我们可能已经远离了电脑，远离了文件，但是我们的大脑却还是和这些东西连在一起，迟迟不肯离开。更为严重的是，做事也蔓延到了我们的睡眠之中。我们中有多少人可以每天享受到舒适的睡眠，而不被与工作有关的梦境打扰，相信那个比例一定是小得可怜。

而无法获得真正休息的症结就在于我们不能够很好地在做事状态与休息状态之间实现转换。我们经常是一时间回不了神儿，或者

第九章　松弛有度——戒把自己的生活搞得过于忙碌

233

认为我们不能很好地进入角色。让你停止休息，马上投入做事，可能不难；但是要你停止做事，马上去休息一下，可就不是那么简单了。解决这个问题没有什么太好的办法，因为人毕竟不同于机器。如果是一台机器的话，只要设置一个开关就行了，就能让它说干就干，说停就停。可是人是不可能做到的，任何人在任何状态间的转化调整，都是一个渐变的过程。于是，我们能做的就是让这个渐变过程尽可能地缩短。

所以，为了能够更好地做事，必须要有高质量的休息。休息绝对不是浪费时间的事情。浑浑噩噩 24 小时地做事，一定不会比 12 个小时全神贯注做事产生更好的效果。这个道理，大家都明白，关键是，在你需要休息的时候，你能够想到这一点，而不再把自己的精力停留在做事上。

我们应该学会如何暇时吃紧，忙里偷闲。在我们闲暇的时候，甚至是无聊得有些发慌的时候，就应该给自己安排一些事情做，把一些不急于让我们解决的事情拿来思考一下，把一些早就放在案头却没有时间看的书浏览一番，为的是以后能够获得从容；在我们手忙脚乱，甚至是四脚朝天的时候，也能有心情来个忙里偷闲，哪怕就是坐在街心公园里面看看小孩子们玩耍，或是闭目养神的时候打开娱乐频道听听歌星们的消息，为的就是获得片刻的闲暇，这样我们就不会让自己闲得无聊，或是忙碌得精疲力竭。劳逸结合就是这么产生的。

在这里我们需要纠正一个关于休息、关于放松的错误想法：放松需要花很长一段时间。

事实上，"放松"有迅速的方法，也有简易的方法，由于有这些迅速与简易的放松方法，使得忙碌的工作日中随时随地的放松成为可能，而不是只有在夜晚完成最后一件事才能放松。

假使我们把放松与外出用餐相比较，你就会更容易了解。比如，有时你为求便利而选择吃速食；有时你却选择享受一顿四道菜的大餐。你的选择是视当时的情况而定，"放松身体"也是同样的道理。

放松不过是逐渐地松弛紧张，就是如此简单。人人都要承受压力，压迫感促使我们背部的发条逐渐收紧，我们惟有借放松来松弛发条以减少压迫感。更进一步而言，仿佛玩具一般，我们也需要一些动力的驱策来运作。

但假使施以的动力过大，我们便趋近极限点，而有断裂的危险。不过我们与玩具之间至少有一个重要的不同点：我们可以停止紧张的累积，并且可以随时随地决定松弛紧张。

一个男人应该懂得，一切成就都要靠健康的身体去争取，因此对于身体这架惟一的机器，一定要爱护有加。而放松、休息对于身体，正如润滑油对于机器一样重要。

工作不应该带进家门

对许多男人来说，在工作繁忙时，把部分工作带回家去做是司空见惯的事。然而这实在不是一个好习惯，一天的紧张后，你需要的是放松，而不是持续的疲劳轰炸，而且这样做对你的妻子儿女也不公平。

不把工作带进家，意味着你不把工作的烦恼带回家，这样可以使家庭生活和谐快乐，也可以让自己的身心彻底放松，反过来会更加有力地推动事业发展。一项调查表明，在当今社会，25%～40%的人认为工作压力太大，有56%的人其配偶因此跟着倒霉。心理学家认为，压力是一种极具传染性的东西，除非采取措施，否则它不仅会损害健康，还可能会破坏婚姻生活。

配偶某些工作状况的变化，如在工作中的职责变化——升迁、降级、责任增大——一般会在心理上给另一方造成深刻影响，加重另一方的压力。而且就大多数时候来说，另一方的处境更不容易，因为她只能在一旁干着急。如果协调不好，夫妻之间终会有对抗的一天，你的另一半也许会更埋怨你没有把家放在首位。

现今社会节奏快，家庭里的每个成员为了给自己生活多一分保障，都把时间花在进修或工作上，所以跟家人相处的时间就减少了。在这种情况下，每个家庭成员更要积极争取与家人相处的时间。你必须认清一点："有没有钱并不能衡量你是不是成功的人，你要量力而为，不能因为别人有大洋房住你也要住。因为洋房里的温暖，不是由里面的那些砖块拼成的，而是由家庭成员去共同营造的。"

生活中的确有苦恼，我们也可以向家人诉说，但却不能把苦恼全部转移到家人的身上。要知道，家是你温暖可靠的后方，我们应该用心呵护它。当你工作了一天，打开家门的时候，就应该把工作中的不快乐拒之门外，带一份好心情回家。

不把工作带进家，意味着你可以在家庭的温暖中使自己得到充分的放松，以更昂扬的姿态投入明天的奋斗。人生幸福的大部分内容是家的温暖，有一个幸福的家，我们的人生就可以如天上的那轮明月般圆满而无憾。

年轻时我们并不看重家，那时我们个个怀有凌云壮志，如老师、父母所期望的那样，当科学家、作家，如果那时有人觉得下班后和妻子手牵着手去买菜是人生的乐趣，我们必会笑他平庸甚至庸俗。

当岁月的风霜使我们的脸庞布满沧桑，当世事的艰难使我们的眼神不再清澈，当人生的坎坷使我们的内心已千疮百孔，当我们闯荡世界疲惫归来却依旧是空空的行囊，我们终于明白了一个再简单不过的道理：事业辉煌仅靠聪明努力远远不够，它需要天时、地利、人和，以及命运的垂青。只有极少数人才能事业成功，甚至能做一份自己喜爱的工作的人不是很多。绝大多数人，不过是为了谋生做着一份自己并不喜欢的工作，而我们能拥有的仅仅是身边的这个家。不管俊的丑的，不管得意或失意，不管君子还是小人，生活给我们最大的平等和恩赐是：每个人都拥有一个家，而我们能得到的人生幸福，实际上绝大部分来自我们的家。

家是能让我们得到放松的场所，是让我们休憩的港湾，能免除我们孤独的是家；在喧哗的尘世，能给我们片刻安宁的是家；在纷扰的争斗中，能为我们疗伤的还是家。

是的，有一个幸福的家，我们的人生就有了80%的幸福；有了一个幸福的家，工作的烦恼就可以忍受，因为我们的忍气吞声和辛苦劳累都有了价值——要赚钱养家使我们所爱的人丰衣足食；有了一个幸福的家，凄风苦雨我们都不再害怕，因为只要奔回家，只要打开家门，就有了温暖和宁静……

第九章　松弛有度

——戒把自己的生活搞得过于忙碌

237

　　心理学家们发现，近年来，有些男人的心理危机越来越多。这些有成就的人，对自己往往有着比一般人更高更完美的要求标准。同时，他们又处于一种竞争激烈的环境之中，故他们一旦遇到某种挫折，就意味着对自己那种"高标准、严要求"目标的否定。而此时所处的高位使他们难以找到可以倾诉和求援的知心朋友，负性情绪难以排解，因而事业上取得成就的中年男人更容易发生心理危机，在工作上、事业上铸成严重错误或给幸福的家庭带来不幸。在这个时候，家庭的放松作用就更加明显地显示出来了。因此，切记不要把工作带进家门！

第十章
学会选择——戒因斤斤计较而因小失大

一个男人应该知道，成功的人生其实是正确选择的结果，做事要学会从大处用心，对于小的得失一定不要去斤斤计较。该重视的要重视，该放弃的就放弃，但是你必须放正眼光，灵活取舍，戒因斤斤计较而失大。

不舍小难谋大

　　一些男人到三四十岁了，事业却依然未立，这可能和他们做事的方法有很大关系。这些人把眼前利益看得很重，不能辩证地看事情，结果他们反而失去了长远的利益。

　　古时，塞外有一个老翁不小心丢了一匹马，邻居们都认为是件坏事，替他惋惜。塞翁却说："你们怎么知道这不是件好事呢？"众人听了之后大笑，认为塞翁丢马后急疯了。几天以后，塞翁丢的马又自己跑了回来，而且还带回来一群马。邻居们见了都非常羡慕，纷纷前来祝贺这件从天而降的大好事。塞翁却板着脸说："你们怎么知道这不是件坏事呢？"大家听了又哈哈大笑，都认为塞翁是被好事乐疯了，连好事坏事都分不出来。果然不出所料，过了几天，塞翁的儿子骑新来的马去玩儿，一不小心把腿摔断了。众人都劝塞翁不要太难过，塞翁却笑着说："你们怎么知道这不是件好事呢？"邻居们都糊涂了，不知塞翁是什么意思。事过不久，发生战争，所有身体好的年轻人都被拉去当了兵，派到最危险的第一线去打仗，而塞翁的儿子因为腿摔断了未被征用，在家乡过着安定幸福的生活。

　　这就是老子的《道德经》所宣扬的一种辩证思想。基于这种辩证关系，我们可以明白，即使是看起来很吃亏的事，也会带来意想不到的好处。生活中此类事情常见，因此人一定要把眼光放远，懂得该忍就忍，有时看似吃亏的事反而是获得更大利益的前提和资本。

美国亨利食品加工工业公司总经理亨利·霍金士先生突然从化验室的报告单上发现，他们生产食品的配方中，起保鲜作用的添加剂有毒，虽然毒性不大，但长期服用对身体有害，但如果不用添加剂，又会影响食品的鲜度。

亨利·霍金士考虑了一下，他认为对顾客应以诚相待，毅然向社会宣布，防腐剂有毒，对身体有害。让每位顾客都了解事情的真相。

这一下，霍金士面对着很大的压力，食品销量锐减不说，所有从事食品加工的老板都联合了起来，用一切手段向他反击、指责他别有用心，打击别人，抬高自己，他们一起抵制亨利公司的产品。亨利公司一下子跌到了濒临倒闭的边缘。

苦苦挣扎了4年之后，亨利·霍金士已经倾家荡产，但他的名声却家喻户晓，这时候，政府站出来支持霍金士了。亨利公司终于起死回生，公司的产品又成了人们放心满意的热门货。

亨利公司在很短时间里便恢复了元气，规模扩大了两倍。亨利·霍金士一举登上了美国食品加工业的头把交椅。

生活中的聪明人善于从吃亏当中学到智慧。"吃亏是福"也是一种哲理，其前提有两个，一个是"知足"；另一个就是"安分"。"知足"则会对一切都感到满意，对所得到的一切充满感激之情；"安分"则使人从来不奢望那些根本就是不可能得到的或者根本就不存在的东西。没有妄想，也就不会有邪念。表面上看来，"吃亏是福"以及"知足"、"安分"会有不思进取之嫌，但是，这些思想确实能够教导人们成为对自己有清醒认识的人。

人非圣贤，谁都无法抛开七情六欲。但是，要成就大业，在选择面前就得分清轻重缓急，该舍的就得忍痛割爱，该忍的就得从长计议。我国历史上刘邦与项羽在称雄争霸时就表现出了不同的态度，最终也得到了不同的结果。苏东坡在评判楚汉之争时就说，项羽之所以会败，就因为他不能忍，不愿意吃亏，白白浪费自己百战百胜的勇猛；汉高祖刘邦之所以能胜就在于他能忍，懂得吃亏，养精蓄锐，等待时机，直攻项羽弊端，最后夺取胜利。

两王平日的为人处世之不同自不待说，楚汉战争中，刘邦的实力远不如项羽，当项羽听说刘邦已先入关时，怒火冲天，决心要将刘邦的兵力消灭掉。当时项羽40万兵马驻扎在鸿门，刘邦10万兵马驻扎在灞上，双方只隔40里，兵力悬殊，刘邦危在旦夕。在这种情况下，刘邦先是请张良陪同去见项羽的叔叔项伯，再三表示自己没有反对项羽的意思，并与之结成儿女亲家，请项伯在项羽面前说句好话。然后，第二天一早，又带着随从，拿着礼物到鸿门去拜见项羽，低声下气地赔礼道歉，化解了项羽的怨气，缓和了他们之间的关系。表面上看，刘邦忍气吞声，项羽挣足了面子，实际上刘邦以小忍换来自己和军队的安全，赢得了发展和壮大力量的时间。刘邦对不利条件的隐忍，面对暂时失利的坚忍不拔，反映了他对敌斗争的谋略，也体现了他巨大的心理承受能力。

刘邦正是把眼光放远，靠着吃一些眼前亏的技巧，赢得了最后的胜利。有人说刘邦是一忍得天下，相信这种智慧不是有勇无谋的人可以修炼成的。今天，我们不一定会遇到这种你死我活的敌对关系，但无论在怎样的条件下，都要把眼光放远，能够忍让，懂得吃亏，因为"塞翁失马，焉知非福"，舍小是为谋大。

必要时不妨弃车保帅

弃车保帅是象棋对局中有时不得不为之的取胜策略，这个策略对男人也应该有所启示：车是当之无愧的主力，但关键时刻为保帅，车有时也只能作出牺牲。而对小的牺牲大可不必心怀不满，因为这就是规则，很多时候只有以小失才能换来大得。

海边有一种被称为"关公蟹"的螃蟹，之所以叫它"关公蟹"，是因为它的头胸甲对称隆起的花纹，酷似京剧中关公的脸谱，捕到这种蟹的渔民，往往会对它顶礼膜拜，认为它们是关公再世。但是，关公蟹虽然长相酷似关公，却远没有关公的英雄气概和忠孝气节，为了保全性命，通常与其他动物一起过共生生活，而其共生的目的，其实只是想利用共生的对象作为自己护身的武器。而且，当遇到敌人的时候，这种关公蟹从来不会将自己的聪明用在如何面对敌人的挑战，而是整天处心积虑地让自己如何全身而退，甚至不惜嫁祸于人。有时，当它们不小心被敌人逮住的时候，为了保全自己，它们会不假思索地将敌人捉住的胸足或附肢丢掉不要，然后迅速逃跑，

第十章 学会选择
——戒因斤斤计较而因小失大

243

以换取自己继续活下去的机会。

关公蟹的生存哲学，其实正体现了一种"弃车保帅"的竞争策略，也就是牺牲自己的次要利益来保全主要利益的一种策略。这种策略也被我们广泛地运用到生活的各个方面。

有这样一个历史故事：唐朝的徐敬业小时候十分调皮，放荡而不守规矩，且到处闯祸。其祖父很不喜欢他，常说："这个孩子面相不好，将来会给我们带来灭族之祸。"于是，在一次打猎中，徐敬业的祖父让他到林子中去驱赶野兽，随后，便乘着风势放火烧林子，企图把徐敬业烧死，以免家族之后患。大火烧起来后，徐敬业才知晓，此时已无处藏身。突然他想到骑着的马，他便把马杀了，随即伏身躲进马腹里，大火过后，他从马腹中出来，虽然全身都是马血，但保住了性命。

人们的一切活动都与其利益相联系。为了生存、发展和社会的进步，人们不仅不断地争取着利益，同时也力图最大程度地保全既得的利益，这种利益，有的是个体的，有的是群体的，有的可能是全社会的。社会生活是纷繁复杂的，人们在争取和保全利益的过程中，必然要发生一些矛盾、冲突，也就是说，在社会生活中，人们的利益不可避免地会受到这样那样的威胁。在威胁面前，人们的主观愿望肯定是保全所有的利益不受损失，然而，当客观情况不可能做到这一点时，弃车保帅也不失为一个良策。正是从这个意义上，我们说弃车保帅是不得已而为之的应变术，这一应变术虽然算不上万全之计，但用长远的眼光看，仍是一种积极的策略。一切战略家、一切有远见的人，在处理利益矛盾和冲突时，无不经常运用此术。

"两利相权取其重，两害相衡从其轻"，弃车保帅是人们为人处世的重要策略。在日常生活中，我们应不被小利所惑，应求大利，成大器。《三国志·魏书·陈泰传》云："蝮蛇螫手，壮士解其腕"。蝮蛇有剧毒，被它咬伤手腕后，勇敢者宁肯将手腕斩断，也不让蛇毒蔓延全身，致使丧失性命。壮士的这种气概和做法，不也是效弃车保帅之法吗？事情到了危急关头就要当机立断，通过权衡利弊，不惜做出一定的牺牲，也要除掉祸根，否则，优柔寡断，瞻前顾后，不敢下决心，任祸患蔓延，其危害只会更大、更严重，到那时就悔之晚矣。

别在鸡毛蒜皮的小事上耽搁太久

生活中我们会发现，一些饱经历练的男人在大事面前能够镇定自若、泰然处之，但却常会为一些鸡毛蒜皮的小事而寝食难安，焦虑烦躁，老实说，这实在不是明智的行为。

狄士雷里说过："生命太短促了，不能再只顾小事。"

安德烈·摩瑞斯在《本周》杂志里说："这些话，曾经帮我捱过很多痛苦的经历。我们常常让自己因为一些小事情、一些应该不屑一顾和忘了的小事情弄得心烦意乱……我们活在这个世上只有短短的几十年，所以我们不该浪费那些不可能再补回来的时间，丢弃那些缠绕你思想的小事。不要这样，让我们把精力放在值得做的行动和感觉上，去想伟大的思想，去经历真正的感情，去做必须做的事情。因为生命太短促了，不该再顾及那些小事。"

一位"二战"老兵罗勒·摩尔曾讲述了这样一个故事：

"1945 年的 3 月，我学到了有生以来最重要的一课。"他说，"我是在中南半岛附近 276 尺深的海底下学到的。当时我和另外 87 个人一起在贝雅 S·S·318 号潜水艇上。我们通过雷达发现，一小支日本舰队正朝我们这边开过来。天快亮的时候，我们升出水面发动攻击。我从潜望镜里发现一艘日本的驱逐护航舰、一艘油轮和一艘布雷舰。我们朝那艘驱逐护航舰发射了三枚鱼雷，然而均没有击中。那艘驱逐舰并不知道它正遭受攻击，还继续向前驶去，我们准备攻击最后的那条布雷舰。谁知它调转头，朝我们开来（原来是盘旋在天空的一架日本飞机，看见我们在 60 英尺深的水下，把我们的位置用无线电通知了他们的布雷舰）。我们潜到 150 英尺深的地方，以避免被它侦测到，同时准备好应付深水炸弹。我们在所有的舱盖上都多加了几层栓子，同时为了要使我们的沉降保持绝对的静默，我们关了所有的电扇、整个冷却系统和所有的发电机器。

"3 分钟之后，突然天崩地裂。6 枚深水炸弹在我们四周爆炸开来，把我们直压到海底——深达 276 英尺的地方。我们都心惊肉跳，在不到 1000 尺深的海水里，受到攻击是一件很危险的事情——如果不到 500 英尺的话，很难逃开劫难。而我们却在刚到 500 英尺一半深的水里受到了攻击。日本布雷舰不停地丢着深水炸弹，要是深水炸弹距离潜水艇不到 17 英尺的话，爆炸的威力会在潜艇上炸出一个洞来。有几十枚深水炸弹就在离我们 50 英尺左右的地方爆炸，我们奉命'固守'——就是要静躺在我们的床上，保持镇定。我吓得几乎窒息：'这下死定了。'电扇和冷却系统都关闭之后，潜水艇的温度几乎有100多度，可是恐惧使我们全身发冷，并且不停地剧烈颤抖。我的牙齿不停地打颤，全身冒着阵阵的冷汗。攻击持续了15个小时之久，然后才停止了。显然那艘日本的布雷舰把它所有的深水炸弹都用光了，就离去了。这15个小时的攻击，对我们而言就像有1500万年。我过去的生活都一一在我眼前映现，我记起了以前所做过的所有的坏事，所有我曾经担心过的一些小事。在我加入海军之前，我是一个银行的职员，曾经为工作时间太长、薪水太少、没有多少升迁机会而发愁。我曾经忧虑过，因为我没有办法买自己的房子，没有钱买车，没有钱给我太太买好衣服。我非常讨厌我以前的老板，因为他老是找我的麻烦。我还记得，每晚回到家里的时候，我总是又累又难过，常常跟我的太太为一点芝麻小事大动干戈。还为我额头上的一个不起眼的小疤——是一次车祸时留下的伤痕而发愁。

"那些令人发愁的事在当时看起来都是大事，可是如今，在深水炸弹威胁着要把我送上西天的时候，这些事情又是多么的荒谬、微小。我在水下暗暗发誓，如果我还有机会再见到太阳、星星，我不会再忧虑了。永远不会！永远也不会！在潜艇里面那15个可怕的小时里我所学到的，比我在大学念了4年的书所学到的要多得多。"

西方有一句俗语："法律不会去管那些小事情。"一个人也不该为这些小事忧虑，如果他希望求得心里平静的话。

假如你想克服一些小事所引起的困扰，只要把看法和重点转移一下就可以了——让你有一个新的、能使你开心一点的看法。荷马·克罗伊是个较有成就的作家，他为我们举了一个如何解除小事困扰的好例子。以前他写作的时候，常常被纽约公寓热水汀的响声吵得快发疯了。蒸汽会砰然作响，然后又是一阵嗞嗞的声音——而他会坐在他的书桌前气得直叫。

"后来，"荷马·克罗伊说，"有一次我和朋友一起出去露营，当我听到木柴烧得很响时，突然发现：这些声音多么像热水烧开的响声，为什么我会喜欢这个声音，而讨厌那个声音呢？回家后，我对自己说：'火堆里木头的爆裂声，是一种很好听的声音，热水汀的声音也差不多，我应该试着不去理会这些噪音。'结果，我果然做到了：几天之后我就把它们整个忘了。"

下面是爱默生·傅斯狄克博士所说的很有意思的一个故事，是有关森林的一个巨人在战争中如何得胜、如何失败的。

"在科罗拉多州的山坡上，躺着一棵大树的残躯。自然学家考证后证实：它有400多年的历史。初发芽的时候，哥伦布才刚在美洲登陆。第一批移民到美国来的时候，它才长了一半大。在它漫长的生命里，曾经被闪电击中过14次。400多年来，无数的狂风暴雨侵袭过它，它都能战胜它们。但是在最后，由于一小队甲虫攻击了这棵树，它倒了下来。那些甲虫从根部往里面咬，渐渐伤了树的元气，虽然它们很小，但持续不断地攻击使它倒了下来。这个森林巨人，岁月不曾使它枯萎，闪电不曾将它击倒，狂风暴雨没有伤着它，却因一小队可以用手捻死的小甲虫而终于倒了下来。"

想象一下，我们不就是森林中的那棵身经百战的大树吗？我们经历过生命中无数狂风暴雨和闪电的打击，都撑过来了。可是却会让我们的心被忧虑的小甲虫咬噬——那些用手指就可以捻死的小甲虫。

人生在世不过短短的几十年，仅仅为珍惜宝贵的时光，争取过好每一天，也不该为小事烦恼。卢梭曾经算过一笔账：人幼而无知，年老而无力，这就占去了三分之一的生命；每天必需的吃饭、睡眠又占去三分之一的时间；剩下的三分之一时间，如果再被许多琐事和烦恼所侵扰，那么真正用来成就事业、享受生活的时间还有多少呢？人生如此短暂，而你已经走到了人生的中场，要做的事情太多了，何必要为这种令人不愉快的小事而浪费时间、操心劳神呢？

戒死咬住小利不放

做起事来，不能一味只想着占便宜，贪小便宜有时是要吃大亏的，你应该学着以别人的利益为先。很多时候，便宜别人才会使自己得利。

安东尼·罗宾谈起华人首富李嘉诚时说："他有很多的哲学我非常喜欢。有一次，有人问李泽楷，他父亲教了他一些怎样成功赚钱的秘诀。李泽楷说赚钱的方法他父亲什么也没有教，只教了他做人处世的道理。李嘉诚这样跟李泽楷说，假如他和别人合作，他拿七分合理，八分也可以，那李家拿六分就可以了。"

也就是说：他让别人多赚二分。所以每个人都知道，和李嘉诚合作会赚到便宜，因此更多的人愿意和他合作。你想想看，虽然他只拿六分，但现在多了 100 个人，他现在多拿多少分？假如拿八分的话，100 个会变成 5 个，结果是亏是赚可想而知。

在台湾有一个建筑公司的老板，他从 1 万台币变到 100 亿台币的资产。他是怎么创业成功的？他在别家做总经理的时候，对老板说，假如老板成功的话，他希望自己也成功。他给老板看一则报道，这则报道就是报道李嘉诚的，然后在上面写着："七分合理，八分也可以，那我只拿六分。"罗宾和任何人合作，一定用这样的思考模式，因此他的合作伙伴越来越多。

还是以李嘉诚为例。

在收购"和黄"大获成功之后，李嘉诚并未沾沾自喜，他显得异常平静。在生意场上他讲的是一个"和"字，李嘉诚是开明之人，处处以和为贵，寻找共同点，这一点非一般人所能及。

"我一直奉行互惠精神。当然，大家在一方天空下发展，竞争兼并，不可避免。即使这样，也不能抛掉以和为贵的态度。"

李嘉诚初入和黄，出任执行董事时，在与董事局主席韦理及众董事交谈中，分明感到他们的话中含有这层意思："我们不行，难道你就行吗？"

李嘉诚是个喜欢听反话的人，他特别关注喝彩声中的"嘘声"，因为当时香港的英商华商，有人持这种观点："李嘉诚是靠汇丰的宠爱，才轻而易举购得和黄的，他未必就有管理好如此庞大老牌洋行的本事。"

当时英文《南华早报》和《虎报》的外籍记者，盯住沈弼穷追不舍："为什么要选择李嘉诚接管和黄？"

沈弼答道："长江实业近年来成绩颇佳，声誉又好，而和黄的业务自摆脱 1975 年的困境步入正轨后，现在已有一定的成就。汇丰在此时出售和黄股份是理所当然的。"他还说："汇丰银行出售其在和黄的股份，将有利于和黄股东长远的利益。我坚信长江实业会为和黄未来的发展作出极其宝贵的贡献。"

李嘉诚深感肩上担子的沉重，深怕有负汇丰大班对自己的厚望。俗话说："新官上任三把火。"但李嘉诚似乎一把火也没烧起来。他是个毫无表现欲的人，只希望用实绩来证明自己。

初入和黄的李嘉诚只是执行董事，按常规，大股东完全可以凌驾于领薪水的董事局主席之上，但李嘉诚却从未在韦理面前流露出"实质性老板"的意思。李嘉诚作为控股权最大的股东，完全可以行使自己所控的股权，争取董事局主席之位。但他并没有这样做，他的谦让使众董事与管理层对他敬重有加。

李嘉诚的退让术，与中国古代道家的"无为而治"有异曲同工之妙。

按惯例，董事局应为他支付优厚的董事薪金，但李嘉诚坚辞不受。他为和黄公差考察、待客应酬，都是自掏腰包，从不在和黄财务上报账。

能做到这一点的人，的确很少。更多人是利用自己的特权捞好处，在自己所控的几家公司里，能捞则捞，能宰则宰。小股东怨声载道，开起股东年会来，就吵得天翻地覆。

由此可见，李嘉诚的精明，到了炉火纯青的地步。他小利全让，

第十章 学会选择
——戒因斤斤计较而因小失大

大利不放，取舍之间，张弛有度。

李嘉诚很快便获得了众董事和管理层的好感及信任。在决策会议上，李嘉诚总是以商量建议的口气发言，实际上，他的建议就是决策——众人都会自然而然地信服他、倾向他。渐渐地，韦理大权旁落，李嘉诚未任主席兼总经理，实际就已开始主政。后来，在股东大会上，众股东一致推选李嘉诚为董事局主席。

李嘉诚不在和黄领取董事薪金，并非为博取好感，一时大方，而是一贯如此。

李嘉诚出任10余家公司的董事长或董事，但他把所有的薪金都归入"长实"公司的账上，自己全年只拿5000港元，这还不及当时一名清洁工的年薪。

以20世纪80年代中期的水平，像"长实"系这种盈利状况较好的大公司，仅一家公司的主席袍金就有数百万港元；进入90年代，更递增到1000万港元左右。李嘉诚20多年坚持只拿5000港元，便意味着出让了数以亿计的个人利益。

不过，李嘉诚每年放弃数千万薪金，却赢得了公司众股东的一致好感。爱屋及乌，他们自然也会信任"长实"系股票。

李嘉诚是大股东和大户，股票升值，得大利的当然是李嘉诚。有公众股东的帮衬，"长实"系股票自然会被抬高，"长实"系市值必然大增，股民得到好处，李嘉诚欲办大事，就很容易得到股东大会的通过。

对李嘉诚这样的超级富豪来说，薪金当然算不得大数，大数是他所持股份所得的股息及增值。

1994年4月至1995年4月，李嘉诚所持"长实"、生啤、新工股份，所得年息共计有12.4亿港元，这还尚未计算他的非经常性收入，以及海外股票的年息。不管怎么说，在香港这个拜金若神、物欲横流的商业社会里，李嘉诚能不为眼前的利益所动，处处照顾股东和公司的利益，实在是难能可贵。

事实上，任何事情要想做好、做精，都需要有良好的心理素质，不为情绪所左右。武林高手不会轻易挥动老拳，军中名帅不会一怒出师。精明的商人也是这样，绝不会凭一时冲动而撒财使气。只有这样，才能把生意做到最高的境界。

难怪有人说，长江实业最珍贵的财产就是李嘉诚。这就无怪乎香港人提到李嘉诚，多少带有崇敬的意味。

让点小利你得到的将是别人的合作、爱戴。因此生活中你不妨抱着吃亏是福的态度去工作，去与人打交道，到最后你就会发现吃亏其实是在占便宜。

不逞一时之气才能笑到最后

男人应该明白这样一个道理：人的一生中，不可能什么事情都是一帆风顺的，总会遇到各种各样的困难、挫折，无论是来自自身的，还是来自外界的，都在所难免。能不能忍受一时的不顺利，这就要看你是否有雄心壮志。一个真正想成就一番事业的人，志在高远，不以一时一事的顺利和阻碍为念，也不会为一时的成败所困扰。面对挫折，必然会发愤图强、艰苦奋斗，去实现自己的理想，成就功业，这是一种积极的人生态度。

《周易·乾·象》中有"天行健，君子以自强不息"的话，是说天道运行强健不息，君子也应该积极奋发向上，永不停息才对，面对挫折、打击、磨难，应该是沉着应对，不能被这些困难所压倒。忍受挫折的一种方法是奋发图强，准备东山再起，而不可由此沉沦。

范雎是战国时魏国人，著名的策士。他擅长辩论，多谋善断，而且胸怀大志，有意开拓一番事业。但是，他出身寒微，无人替他向最高权力阶层引荐，不得已只能屈身在魏国中大夫须贾的府中任事。

一次，须贾奉魏王之命出使齐国，范雎作为随从一同前往。齐国国君齐襄王早已知道范雎有雄辩之才，因此，范雎到了齐后，齐襄王便差人携金十斤及美酒赠与范雎，以表示他对智士的敬意。范雎对此深表谢意，却未敢接受齐襄王的赠礼，想不到还是招来了须贾的怀疑。须贾执意认为，齐襄王送礼给范雎，是因为他出卖了魏国的机密。

须贾回国之后，将"范雎受金"的事上告给魏国的相国魏齐。魏齐不辨真假，也不做调查，便动大刑惩罚范雎。范雎在重刑之下，肋骨被打断，牙齿脱落。他蒙冤受屈，申辩不得，只好装死以求免祸。范雎已"死"，魏齐让人用一张破席卷起他的"尸体"，放在厕所内；然后指使宴会上的宾客，相继便溺加以糟蹋，并说这是警告大家以后不得卖国求荣。

这可真是飞来横祸，这么大的打击和侮辱，几乎使范雎一命呜呼，为了保全自己，范雎忍受了这一切难以忍受的摧残和折磨。

范雎平白无故地受了这么一场肌肤之苦和情志之辱，一腔效命魏国的热忱化作了灰烬。他决计离开魏国，另谋一处显身扬名的地方。为了脱身，范雎许诺厕所的守者，如能放他逃出去，日后必当重谢，守者利用魏齐醉后神志不清，趁乱请示了一下，诡称将范雎的"尸体"抛向野外，借此将他放了出去。范雎在一个叫郑安平的朋友帮助下逃亡隐匿起来，并改名为张禄。

就在范雎忍辱求全，隐身民间的时候，秦国一个叫王稽的使节来到魏国，秦国此时国力强盛，且虎视眈眈，有兼并六国的雄心。郑安平得知秦使王稽来到魏国，便扮成吏卒去侍奉王稽，目的是想寻找机会向他推荐范雎。一天，王稽在下榻的馆舍向郑安平打听：魏国有没有愿意与他一块西去秦国的贤才智士，郑安平便不失时机地向王稽陈说范雎的才干。王稽当下决定于日暮时分，在馆舍与范雎见面。

日暮时分，郑安平带范雎来到王稽馆舍。范雎面对王稽，侃侃而谈，条分缕析，议论天下大事。一席话还未谈完，其才情智慧已使王稽信服，王稽决定带范雎入秦。

王稽使事结束，辞别魏王，私下带着范雎归秦。他们一路紧赶，来到秦国境内的京兆湖县时，只见对面尘土扬起之处，一队车骑驰驱而来，范雎忙问王稽道："对面来的是什么人？"王稽注目望了望，转身告诉范雎，来的是秦国相穰侯魏冉，范雎一听便说："据我所知，穰侯长期把持秦国的大权，厌恶招纳诸侯国的客卿入秦。我看，我与他见面，只会招致他的侮辱，请您还是把我藏在车中，不见为

第十章 学会选择
——戒因斤斤计较而因小失大

好。"正说着，魏冉的车骑已到，魏冉向王稽说了一番抚慰他出使辛苦的客套话之后，果然不出范雎所料，接着便问王稽："使君出使归秦，有没有带别国客人来啊？这样做，于我们秦国没有好处，只会添加麻烦！"王稽见这种情形，心中暗自佩服范雎的先见之明，赶忙答道："不敢。"魏冉看了看王稽，即示意驭手启车继续东行。

听到魏冉一行离去的车马声，范雎这才从车中探出身来，望着渐渐远去的魏冉背影，心中沉思："我听说魏冉是一个聪明人。刚才他已经怀疑车中有人，只是决心下慢了，忘记搜索而已。"范雎一念及此，当即断然对王稽说："魏冉此去，必然会后悔，非派人返回搜索使君的车辆不可，我还是下车避一下为好！"说完，范雎便跳下车，往道旁小径走去。王稽按辔缓行，以待步行的范雎。方才走了十多里，只听见身后一阵杂沓而急促的马蹄声响，魏冉遣回的骑卒已经赶了上来，将王稽的车马紧紧围住，一阵紧搜慢检，见车中确实没有外来的客宾，方才纵马而去。

骑卒远去，大道清静，范雎从小路闪出，与王稽相顾一笑，上车策马，往秦都咸阳的方向急驶而去。

范雎装死逃出魏国，智避魏冉而得以入秦。入秦后，他充分施展辩才游说秦昭王，最终取得信任。秦昭王采用范雎的谋略，对内加强了秦国的中央集权，对外使用远交近攻的霸业方略，使秦国对列国的压力再度加强。秦昭王因此任命范雎为秦相国，封为应侯。

人生在世，总会遇到几次"关键时刻"，只有沉得住气，冷静以对，才能保存自己的实力，为自己赢得胜利的机会。如果沉不住气，逞一时之能，就难以成就今后的事业。

失败是一笔无形的财产

没有人喜欢失败，男人更害怕受到失败的打击，然而一时的失败并不一定是件坏事，失败一事，得益十事；吃亏一时，安乐一世。在某些时候败退一步、吃一点亏是不计较眼前得失而着眼于大目标的明智之举。

几乎征服了整个欧洲的拿破仑，为了让东方人也匍匐在他的脚下，他精心组织了一支50万人的大军，以排山倒海之势压向俄国。一日，法国不宣而战，挥师跨过俄罗斯边境，并很快切断俄国两个集团军的联系，占领了莫斯科，长驱直入。

处在存亡之际的俄国拼死抵抗。老帅库图佐夫临危受命担任了俄军总司令。拿破仑和库图佐夫可以说是老对头，5年前两人就有过交锋。但这次库图佐夫明显处于劣势。双方经过紧张部署后，在博罗季诺村附近拉开了战幕。这是一场势均力敌的大血战，惨烈的战斗持续了一天一夜，最后俄军被迫撤离，拿破仑占领了库图佐夫的阵地。

作为一个首领，放弃一方领地，实属无奈，但库图佐夫的放弃又不全是无奈之举。他冷静地分析了形势和敌我双方的实力对比，发现尽管拿破仑夺取了俄军要塞，但实力已被削弱，由进攻之势转

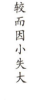

第十章 学会选择 ——戒因斤斤计较而因小失大

为防御之势。再者，法军长驱直入，孤军作战，如果在此长久相持下去，必然对其不利。到那时，俄军可重振雄风。于是他发布了一个让众人震惊而又大惑不解的决定——放弃莫斯科。消息传出后，人们都呼吁反对。是啊，把自己国家的首都拱手让给敌人，这是一种何等的耻辱！于是，全国响起一片"情愿战死在莫斯科，也不交给敌人"的呼声，就连沙皇也下令坚守都城。此刻，库图佐夫的心情比谁都沉重，放弃莫斯科对他也是一种屈辱，然而作为一名军事家，他清楚地意识到，假如凭一时之气，争一时输赢，坐等法国转攻，在敌强我弱的情况下，很可能会全军覆灭最后导致国破家亡。为了顾全大局，库图佐夫顶着国内的压力，毅然下令："现在，我命令，撤退！"时隔不久，拿破仑的军队占领了莫斯科。得意忘形的拿破仑没有想到，他失败的命运已由此决定了，俄国人留给他们的是一个一无所剩的废墟，继之而来的是乏粮、饥饿和严寒，法军思乡情绪上升，军心涣散。拿破仑只好下令撤出莫斯科，然而为时已晚，俄国人是不会轻易放走占领他们首都的侵略者的，一场恶战，使法军四面楚歌，占领莫斯科是拿破仑一生中最大的败笔。

胜利与失败是相互依存、相互转化的。库图佐夫不计眼前得失，先吃小亏，然后等待时机，最后终于反败为胜，成为笑到最后的胜利者。

在一般情况下，在一定意义上说，每个人都不同程度地经受过失败，品尝过苦涩的失败之果。可能没有人统计过失败与成功、与胜利的比例关系。但基本可以肯定地说，失败一定不少于成功和胜利。也许就是因为这样的理由，产生了许多关于失败认识论，或叫失败观。有的人把失败看成是匆匆往来的过客，自然地面对着；有的人把失败看成是一种耻辱，认为只要败了就一切都完了；有的人把失败看成是一定条件下的必然结果，不管什么人都败不可免……那么，那些历经失败而最终走向成功的人们是怎样看待失败的呢？

松下电器的总经理山下俊彦在谈到失败时，曾这样说："要使每个人在松下工作感到有意义，就必须让每个人都有艰难感。如果仅仅工作不出差错，平平安安无所事事，那就毫无意义。艰难的工作容易失败，但让人感到充实。我认为即使工作失败了，也不算白交学费。因为失败可以激发人们再去奋斗。"

一般人都不太知道，山下从 1948～1954 年，曾经脱离松下公司到一个小灯泡厂工作。当时山下的顶头上司谷村博藏（其后当上了松下副经理，是山下的同乡），也是脱离松下单干的，山下就是跟谷村去的。山下自己回忆说："我当时是糊里糊涂进松下公司的。所以谷村一劝说，没有多考虑就辞掉了松下的工作。""我是个怯弱的老实人！是极平常的职员。"然而谷村的公司没干上两三年就垮了，谷村回到松下。山下没回去，转到另外一个灯泡厂。对于怯弱的人来讲，一旦离开的地方，是不情愿再回去的。山下的那个小工厂里，从制造、销售到当经理都是他一个人说了算。山下回顾说："那里的生活是充实的。当时真想在那里干一辈子。"假如真是这样，今天松下就没有山下经理了。在山下脱离松下的第 6 年，谷村希望山下回到松下与菲利浦联合企业。当时该公司正在开发电子设备产品，急需中层管理人才。

山下确实是个老实人，他几次回绝谷村的招聘。不过，他最终没能按自己的意志坚持下去，他被谷村说服了，重新回到了松下。

从此，山下变了，他从一个老实脆弱的人，变成一个不屈不挠的人，这是经受挫折与痛苦之后磨炼出来的。

谷村当时在与菲利浦公司联营的松下电子厂。山下被拉去后，曾当过电子管理部长、零件厂厂长。他把菲利浦公司的经营管理方法学到手，其后又出任西部电气常务。过了4年，他升任冷冻机事业部长。这中间他吃过许多苦，他后来回忆说："西部电器、冷冻机事业部时代的经验，对我来讲实在珍贵。当时，几次陷入困境，硬着头皮埋头苦干，总算使自己感到扬眉吐气了。那正是我三四十岁阶段，做了超越自己能力的工作。"

对于当时所受的困苦，山下认为是锻炼。他告诉我们，不要担心失败，这不算白交学费。他说："困难并不是坏事，是对希望的挑战。工作中克服困难的过程可以培育人才，也才会有发展。单纯追求利润是没有什么意义的，困难的工作带来的好处是产生兴奋，刺激大伙更好地协同合作，而且也能让工作人员明白自己的地位和责任。"

山下之所以能如此讲，是与他三四十岁时所经历的曲折道路有关。如前所述，山下在当空调机事业部长时，吃过一次大败仗。那一年，山下的空调机事业部年产量从10万台增长到50万台。可是没想到遇上一个冷夏的气候，真是意外打击。对此惨状，山下非但没有叹气，反而亲自举办盛大宴会，激励职工重新大干。

中国明朝学者崔后渠曾有句名言："得意澹然，失意泰然。"意思是说，在人生得意或某件事情得以圆满解决的时候，不要那么兴致勃勃，而要努力保持谨慎、冷静的态度；而在失意、落魄的时候，绝不伤心气馁，乱了方寸。

当然，做到这样是相当困难的，但是山下却实践了这句名言。他说："人在失败的时候，反而能产生忍耐力和克服困难的勇气，要反省自己的错误，弄清楚问题的症结。与其说失败可怕，莫如说是在其相反的时候——顺境更危险。一旦被提拔、晋升，官架子就摆起来了，失败也就孕育其中了，从我的经验看，被提升的人有一半以上都是在一帆风顺的时候出现问题的。"

到1980年，松下已经变成资本达2兆日元的大企业。当时日本产业界销售额达2兆日元的只有3家，即丰田汽车、日产汽车和新日铁。而松下比预定计划提前一年突破了2兆日元的指标。

可是，作为总经理的山下没有流露出自己的喜悦，而是说："销售额超过2兆日元，也不能心安理得，销售额增加的同时，必须充实新内容，否则就没有什么意义了。"

正是从这一年起，山下开始整顿公司体制，着手进行从家用电器制造到电子综合产业的改革。

"从销售额上看，菲利浦是3兆8千亿日元，美国通用电气公司（GE）5兆亿日元。不仅销售规模，就是在利润率上，我们的纯利润率是4%，而GE的6%远远高于我们。因此，松下的目标是要赶上GE！"

山下这样引导部下，不要陶醉于眼前的好成绩，要鼓起新的干劲，向更高的目标迈进。有人背后议论说："山下欲望太大了！"然而，人在得意的时候，不要忘记会出现"陷阱"的危险，正是山下

第十章 学会选择——戒因斤斤计较而因小失大

铭刻在心里的警告。即人们常说的，失败是成功之母。

胜利和失败，乍看起来差异很大，一个趋向积极，产生欢乐和喜悦；一个趋向消极，诱生悲苦和忧愁。但它们在本质上又是互相依存、互相转化的，是一个统一体的两个方面。

从大局出发做取舍

有得就有失，有失必有得，那么我们应该怎样正确取舍呢？答案是做取舍要从大局出发，这样我们就能超越一时的得失，获得最终的成功。

从前有一个人走路时，偶然见一个人骑着马从身边经过，他就跟那个人要一匹马，那个人说：你如果要马的话就要拿你的双腿来换。这个人想：如果我有马了还要腿有什么用？因此他毫不犹豫地答应了，用自己的双腿换来了一匹漂亮的白马。开始骑在马上，他看到大家投来羡慕的目光，感觉威风极了，但时间一久，他开始厌倦了马上的生活，又想踏踏实实地在地上走路了。然而，此时他才意识到自己已失去了宝贵的双腿！

人世间，美好的东西实在数不过来，我们总是希望让尽可能多的东西为自己所拥有。然而我们今天所爱的，往往是我们明日所恨的；我们今天所追求的，通常是我们明日所逃避的；我们今天所愿望的，往往是我们明天所害怕的，甚至是胆战心惊的。人生总是得不到的才是最好的，当你一旦拥有了某种事物，你就会立刻发现它并不像你所想象的那样有价值，你的选择是错误的。

生活中，我们也常在重复路人的错误，因为缺少全局性的眼光，我们常会被眼前的蝇头小利所迷惑，落入自己亲手挖掘的陷阱中。

一个香港的老板来内地投资，机器设备都是国外最好的，生产效率极高。有一天突然这个地方发了洪水，虽然经过奋力抢救使大部分机器脱了险，但是还是有一台设备没有抢救出来。洪水退了，为了尽快恢复生产，香港老板就在当地市场上尽快采购了一台机器来充当重任。这台机器质量还过得去，用了一段时间也没有什么大的问题，但是不久它就原形毕露，各种小毛病开始显现出来。今天这个螺丝松了，明天那个零件坏了，总得不断修理，这样常常影响整个生产任务的顺利进行。老板想重新买一台进口的新机器，但是进口机器非常贵，再说这台机器也还能用，所以就这么一天又一天地将就着用着。但是这台机器总是出毛病，而且损坏的周期越来越短。到年底一算细账，因为这台机器的这些各种小毛病，产量较上年度有明显减少，这些损失加上维修费用等，足可以换一台进口机器了。香港老板这才痛下决心，以低廉的价格把这台机器处理掉，从国外购置回一台新机器。

但凡我们想把一件事情做好的时候，我们都不能有凑合用的心理，应该更换的东西一定要更换，该重新购置的东西就重新买，只有这样才能提高整个工作的效率。细枝末节上的修修补补，虽然能够满足暂时的需求，但是从整个长远的计划完成的角度来看，这会

第十章　学会选择
——戒因斤斤计较而因小失大

是非常不明智的做法。

我们日常生活中有不少这样的例子，为了节省一些眼前看得见的钱，而宁愿花费大量的时间和精力去修补那些应更新淘汰的东西，用明天的收益去做赌注。而今天这儿出问题，明天那儿有毛病，既影响效率，又影响心情，而且这些薄弱环节总会在关键时刻"掉链子"，造成更大的损失。

再比如我们夏天吃水果，一次会买很多回家。有的水果由于天气热很容易坏。我们大多数人都会选择先吃坏的再吃好的，结果等到把坏的吃完了，好的也变坏了。要知道在现实生活中，有些时候该放手时不放手，等于背上许多沉重的负担。要知道放弃不是失败，是智慧；放弃不是削减，是升华。

所以我们应该知道舍与得之间的关系是很奇妙的，只凭一时的得失来决定取舍是一种鼠目寸光的行为，你必须学会从大局着眼，从大处用心。

曾几何时，日本丰田汽车公司曾为了确保汽车在日本的销售市场，深谋远虑，从解决城市的汽车与道路的矛盾入手，先后成立了"丰田交通环境保护委员会"，在东京车站和品川车站首次修建"人行道天桥"；投资 3 亿日元在东京设立了 120 处电子计算机交通信号系统，使交通拥挤现象得到缓解；投资创立了汽车学校培养更多人学会开车；为儿童修建了汽车游戏场，从小培养他们学会驾驶本领。良苦用心最终如愿以偿，汽车销量日益增多，公司效益也相当可观。

丰田缘何营销成功？一言以蔽之：采取"先舍后得"的营销策略。此招，乍一看，似乎他们所做的种种事与汽车销售是风马牛不相及的，此乃"醉翁之意不在酒"，这是一种迂回战术。现实生活中，有时走迂回道路，反而比走直路更易达到目的。试想想，假如丰田公司一味从正面宣传自己产品如何好，结果很可能是多花了冤枉钱，销路依然不畅。采取"先舍"，表面上看似离开了汽车销售这一主题，事实上，正切实达到了占领市场增加销路的目的。

这个事例告诉我们，面对一座极为陡峭的高山险峰，我们不要冒险直壁而上，我们可以绕着山路环行，最后便可安全到达山顶。我们捕鱼时，要一点点地将水淘干，让鱼儿慢慢地失去容身之地，自己暴露出来，而不是要跳到水中乱抓乱搅，因为那样恐怕一条鱼都不会捞到。一截钢条，我们要想将它弄弯，直接用力去折，怕是会将其折成两半，但若先用火烧红，再用锤头敲打，则可使其成为我们想要的形状。

美国有一家经营新型剃须刀公司的原公司负责人，曾答应经营客户通过新闻等媒体为新剃须刀大力促销。然而，后来这家公司由于内部亏损即将倒闭而被另一公司买下，由于当时审查广告的机构对剃须刀是否是医疗用品争论不休，宣传活动被迫取消。为此客户声明要退回剃须刀。收回剃须刀，对一个刚刚收买来的毫无经济实力的公司来说，无疑是一个沉重的打击，这意味着将危害到公司的贷款合约，被银行抽回资金；然而不收回剃须刀，则与客户建立的关系将毁于一旦。在进退两难之际，公司新的负责人为了不失掉最大潜在客户，只好采取"舍"的决策，同意收回剃须刀，同时积极与银行交涉，力争把损失减到最低限度。按正常发展速度估计，同意退回后，还须经过大致两个月的文书往返，到那时回来的退货已经少了很多，再加上退货之后，还有一个月才需要退还货款，到 3 个月后，公司一切都已走上了正轨，有能力消化这些损失。和银行方面达成协议之后，结果如预料的那样。3 年后，公司业务蒸蒸日上，良好的信誉使这家客户占公司业务的 50%，而不是原来的 20%。这就是退一步虽失小利，终获大利。

从大处着眼来取舍的要领在于不计当前利益，看重长远利益，吃小亏，占大便宜。所有的退却都是为将来更大的发展做铺垫。生活中有些人只顾眼前收获而没有长远打算，这是一种不明智的行为。有时，一些退路是必走的，迂回而行比盲目向前要可靠得多。

确定长期目标才能找准人生方向

男人到了一定的年纪后，各人所取得的成就却大有不同，这和个人的机遇、能力有关，但与他们对人生的规划与大目标的选择也不无关系。

你不能只想着眼前要怎样，还应该有一个长期的奋斗目标，由于有这种大目标，人生才能有极大的发展。这种长期目标并不只限于一个，可以同时拥有两个或三个以上，但是，要看看你有多少自信，才能燃起多少热情来。

拥有人生大目标，就是给了你人生斗志及热情。同时，长期维持着这种热情或斗志，一方面培养"必定会成功"的信念，你的愿望就会深深刻在心灵深处，你的运势也会随着慢慢地转换到好的方向。所以，长期目标是很重要的。

如果，以短期目标来慢慢解决身边的问题，同时又不忘记为10年或20年后定立的目标，而且以一生这种长期单位的目标来继续努力下去的话，你一定会成为人生的成功者。

没有长期的目标，你可能会被短期的种种挫折击倒。理由很简单，没人能像你一样关心你的成功。你可能偶尔觉得有人阻碍你的道路，而故意阻止你进步，但实际上阻碍你进步最大的敌人就是你自己。其他人可以使你暂时停止，而你是惟一能永远做下去的人。

如果你没有长期的目标，暂时的阻碍可能构成无法避免的挫折。家庭问题、疾病、车祸及其他你无法控制的种种情况，都可能是重大的阻碍。而在你有了长期的人生目标后，你就会对消极以及积极的情况做出正确的反应。你会学到：一次挫折（不管多严重）可以是进步的踏脚石，而不会是绊脚石。

当你设定了长期目标后，开始时不要尝试克服所有的阻碍。如果所有困难一开始就清除得一干二净，便没有人愿意尝试有意义的事情了。你今天早上离家之前，打电话到交通岗询问所有的路口交通灯是否都变绿了，交通警可能会认为你不通人性。你应知道你是一个一个地通过红绿灯，你不仅能走到你能看到的那么远的地方，而且当你到达那里时，你通常都能看得更远。

查理·库冷先生曾以一有意义的方式表示了他的创意。他说："成为伟大的机会并不像急流般的尼亚加拉瀑布那样倾泻而下，而是

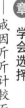

缓慢的一点一滴。"

一般说来，伟大与接近伟大的差异就是领悟到如果你期望伟大，你就必须每天朝着目标工作。举重选手都知道，如果他想成就伟大的目标，就必须每天去锻炼肌肉，每一对想养育出有教养的可爱孩子的父母都知道，人格与信仰是每天不断培养的结果。

乔治·西屋是美国杰出的发明家和企业家。他一生总共获得361项专利，被人们誉为"发明奇才"。他亲手创办了6家世界一流的企业，为美国的工业发展奠定了基石。乔治之所以能获得如此辉煌的成就，主要靠的是把一个远大的目标当做自己的人生理想。

乔治于1846年10月6日生于美国纽约州史哈利山谷的中心桥小镇。他的父亲精明能干，开办了一个工具和机器店。小乔治倔强任性，才智过人，对父亲工厂里的机器有着浓厚的兴趣。12岁那年，由于他的坚持，父亲不得不允许他到机器工厂去当一名普通工人。在一个炎热的星期六下午，父亲让他独自一人加班切割一批铁管子。开始乔治用手锯锯铁管，又慢又累。用什么办法才能在规定时间内完成任务呢？突然，巨大的蒸汽机吸引了乔治的视线。他灵机一动，想出一个大胆的主意：把锯固定在蒸汽机上，造成一个机械锯。结果，一根铁管子几秒钟就锯好了。从此，乔治对蒸汽机产生了浓厚的兴趣。他阅读了大量有关的书籍，发现当时的蒸汽机都是由密封汽缸里的活塞上下移动来带动皮带把力送到机械上的，既笨重效能又很差。乔治就设想，如果把往复式引擎改成旋转式的，既节省了材料又增强了效力。他经过几年的艰苦努力，反复试验，终于获得了成功。15岁那年，他高兴地获得了回旋机的专利证书。

这是乔治一生中的第一项专利。从此，他燃起了发明创造的蓬勃激情。

1865 年，美国内战结束。在退役回家的路上，乔治坐的火车出轨，车上的人被撞得东倒西歪。当乔治了解到火车出轨的事经常出现时，他那天才的头脑便萌发出一个奇妙的想法：研制一种防止火车出轨的机器。亲友们认为此事难度大而大加反对。乔治力排众议，博览群书，经过艰苦的探索，终于设计出了"火车出轨还原器"，从此开始了他辉煌的事业。后来，他又运用压缩空气的原理，发明了空气制动器，彻底解决了火车刹车问题，这是 19 世纪最伟大的发明之一。至今，西屋企业仍在这一行业中享有霸权。

乔治是伟大的发明家，是不畏艰险勇于探索的实干家。他把改善人类的生活水平，为人类谋福利作为自己的人生目标。因此，他根据实际生活的需要，不断创造发明新产品，开辟新领域。也正因如此，他的发明创造不仅为个人带来了财富，也促进了人类文明的发展。他设计的电气机车，改善了交通工具；他把交流电用于日常生活，对人类的电气化作出了巨大贡献；由于他开发了天然气，匹兹堡成为工业重镇；他对尼加拉瀑布电力成功的开发，使尼加拉城在短短的几年内就走向了繁荣。有人评价他这项成就时说："他的才能，无异于天方夜谭中的阿拉丁，他虽没有如意神灯，但电灯的力量也照样能使不毛之地变成天堂。"

乔治以造福人类作为一生的奋斗目标，因此，他想尽办法赚钱赢利，却绝不唯利是图；他费尽心思扩大企业，却从不弄虚作假。凡是他设计制造的产品，他都力求做到尽善尽美，尤其是关系到人

第十章　学会选择——戒因斤斤计较而因小失大

269

们生命安全的产品，他更是以高度的责任心不断完善。如在盘式制动器刚刚占领市场的时候，产品效果良好，他却又花了25万美元去进一步改良，这给刚刚起步的企业带来了很大困难，但产品最终以上乘的质量赢得了顾客。还有一次，顾客反映一批灯泡做得不合格，乔治立即开除了业务经理，并且说："任何产品不到十全十美的程度，决不能卖给顾客。"而今，西屋企业的高质量已享誉全球。

乔治·西屋是一位天才的发明家，一位卓越的企业家，又是一位伟大的人道主义者和理想主义者。他为人类的生活幸福辛勤工作了一生，实现了自己的理想和目标。

因此，你不能只抱着"涨工资"、"升科长"这些小目标不放，还应该为你的事业制定一个长远目标，这样你才能找准人生方向，获得更大的发展。

男人不能目光短浅

经过一些年的历练，男人应当让自己更具有远见卓识，凡事多想几步，不要计较一时的得失，然后，你会发现远见会给你带来巨大的利益，甚至改变你的人生。

远见带来巨大的利益，会打开不可思议的机会之门，远见能增强一个人的潜力。

（1）远见使工作轻松愉快

成就令人生更有乐趣。当你努力把工作做好时，没有任何东西比这种感觉更愉快。它给予你成就感，它是乐趣。当那些小小的成绩为更大的目标服务时——譬如使一个远见成为现实，就更令人激动了。每一项任务都成了一幅更大的图画的重要组成部分。

（2）远见给工作增添价值

同样，当我们的工作是实现远见的一部分时，每一项任务都具有价值。哪怕是最单调的任务也会给你满足感，因为你看到更大的目标正在实现。

这个道理，就如同那个在工地上跟三个砌砖工人谈话的人的故事一样。那人问第一个工人：“你在干什么？”工人回答：“我在砌砖。”他用同样的问题问第二个工人，回答是：“我在建一座教堂。”但当他问到第三个工人时，他热情洋溢地回答：“我在做一件很有意义的工作！”那三个人在做同一种工作，但只有第三个工人受到远见的指引。他看到了那幅宏图，宏图给他的工作增添了价值。

（3）远见预言你的将来

缺乏远见的人可能会被等待着他们的未来弄得目瞪口呆。变化之风会把他们刮得满天飞。他们不知道会落在哪个角落，等待他们的又是什么东西。人生是个机会，这些人希望他们的机会不错。

如果你有远见，又勤奋努力，将来就更有可能实现你的目标。诚然，未来是无法保证的，任何人都一样，但有远见能大大增加你成功的机会。

爱若和布若差不多同时受雇于一家超级市场，开始时大家都一样，从最底层干起。可不久爱若受到总经理青睐，一再被提升，从领班直到部门经理。布若却像被人遗忘了一般，还在最底层混。终于有一天布若忍无可忍，向总经理提交辞呈，并痛斥总经理狗眼看人低，辛勤工作的人不提拔，倒提升那些吹牛拍马的人。

总经理耐心地听着，他了解这个小伙子，工作肯吃苦，但似乎缺少了点什么，缺什么呢？三言两语说不清楚，说清楚了他也不服，看来……他忽然有了个主意。

"布若先生，"总经理说，"您马上到集市上去，看看今天有什么卖的。"

布若很快从集市回来说，刚才集市上只有一个农民拉了车土豆卖。

"一车大约有多少袋？多少斤？"总经理问。

布若又跑去，回来说有10袋。

"价格多少？"布若再次跑到集上。

总经理望着跑得气喘吁吁的他说："请休息一会儿吧，看爱若是怎么做的。"说完叫来爱若对他说："爱若先生，您马上到集市上去，看看今天有什么卖的。"

爱若很快从集市回来了，汇报说到现在为止只有一个农民在卖土豆，有10袋，价格适中，质量很好，他带回几个让经理看。这个农民过一会儿还将弄几筐西红柿上市，据他看价格还公道，可以进一些货。这种价格的西红柿总经理可能会要，所以他不仅带回了几个西红柿作样品，而且把那个农民也带来了，他现在正在外面等回话呢。

总经理看一眼红了脸的布若，说："请他进来。"

爱若由于比布若多想了几步，于是在工作上取得了一定的成功。

请问，你能想到几步呢？

相信你能使自己活得更好，这只是第一步。要使自己的远见真正有价值，还必须与另一种能力结合起来：如何使远见变为现实。有远见但不能把它变成现实的人，只是个空想家。

你需要一套实现你的远见的战略，下面的指导原则对你有帮助。

（1）确定你的远见

这个观点虽然非常简单，但实现远见总得由确定这个远见开始。对有些人来说这实在是太容易了。因为他们似乎生来就有一种远见卓识。另一些人则需要经过长时间的沉思、考虑、祈祷才能获得这种本领。

如果你想成功，就必须多想几步，确定你人生的远见。你的远见不能由别人给你。如果那不是你自己的远见，你就不会有实现它的决心与冲劲。这远见必须以你的才能、梦想、希望与激情为基础，远见是了不起的东西，它还会对别人产生积极的影响——特别是当一个人的远见与他的命运（特别是他存在的目的）不谋而合时。

（2）考察一下你当前的生活

将你自己的远见变成现实不是一蹴而就的事，这是一个过程，跟一次旅程十分相似。你决定去旅行之后，首先要做的事情之一，就是决定出发点，没有这个出发点，就不可能规划旅行路线和目的地。

考察当前生活的另一个目的是规划行程，估算此行的费用。一般地说，你离自己的远见越远，所花的时间就越多，代价就越大。

实现自己的远见是要做出牺牲的。

（3）为大远见放弃小选择

所有梦想的实现都是有代价的。为了实现你的远见，就要做出牺牲，其中一个涉及到你其他的选择。你不可能一面追求你的梦想，一面保留着你其他的种种选择。

这个观点尤其不容易被美国人接受。美国文化很强调选择的自由，整个自由市场体制都是建立在这个基础上的。多种选择是好事，可以提供机会。但对于想取得成功的人，有时他必须放弃种种小选择来交换那个惟一的梦想。

这情形有点像一个人来到岔路口，面临几种前进的选择。他可以选择一条能通往目的地的路，他也可以哪一条都不走，可是这样永远达不到目的地。

（4）规划自己的成长道路

实现自己的远见包含着必须选定一条个人发展的道路，并在这条路上走下去。以为自己可以从生活的一个阶段向另一个阶段进步而无需改变自己，是在自我欺骗，人生的任何积极转变必定需要个人成长。

因为个人成长是实现自己远见的必经之路，所以你能制订出的最具战略性的计划是按你的远见来规划你的成长道路。想一想要实现理想你必须做些什么。然后确定，要成为你想做的那种人，你需要学习些什么。看些书籍，听些录音带，以感受一下别人的成长过程。

（5）常与成功人士接触

个人成长的过程包括与人接触。学习如何成功的最佳方法是与成功人士接触。观察他们，向他们请教。逐渐地，你会开始跟他们一样看问题。这句古语确实正确："毛色相同的鸟聚在一块。"

（6）不断地表达你对自己梦想的信心

实现梦想要求你不断努力，并发挥出最大的冲劲。加强韧性与冲劲的方法之一，是不断地表达你对自己梦想的信心。用语言向别人讲，同时默默地对自己讲。保持一种积极的充满信心的态度。即使偶生疑惑，也要全神贯注，保持信心。外在的信心会带来内在的信心，如果你失去自信及对自己梦想的信心，那你的梦想永远不能成真。

（7）预料到有人会反对你的梦想

必须保持积极心态的另一个原因，是你肯定会碰到反对的意见。那些自己没有梦想的人是不会理解你的梦想的，他们觉得你的梦想不可能实现。他们会对你说，你的梦想一钱不值。或者即使他们明白到它的价值，他们也会说，虽然这是可以实现的，但不是由你实现。碰到别人反对时，你不必惊慌，而应有思想准备，抱着永不消沉的积极心态。

（8）寻找实现理想的每条途径

为了实现理想，你必须不停地寻找一切对你有所帮助的东西。要乐于尝试新事物，到处寻找好主意。要善于观察，在别的领域效果很好的主意，在你这里也可能有用。全神贯注于你自己的理想，但对走哪条路才能实现理想，则应抱灵活的态度。实现理想要有创新精神，如果我们对新观念关上大门，就不能有创新精神。

在某种程度上，远见卓识是一个成大事者的必要素质之一。当你看得足够远，你就不会囿于一时的得失，跳不出小圈子了。

 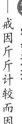